モビリティー革命2030
自動車産業の破壊と創造

デロイト トーマツ コンサルティング 著

日経BP社

はじめに

　「汽車のように早く、そして馬のようにどこへでも走れる乗り物が欲しい」——。自動車王ヘンリー・フォードは1908年に量産大衆車「T型フォード」を世に送り出し、「自動車革命」を起こした。世界中でガソリン車が走り出し、フォードの夢であった「誰でも乗れる安全で安価な自動車」が現実のものとなった。そして自動車産業は、世界レベルでの旺盛な経済成長と潤沢な石油資源を背景とした大量生産・大量販売社会において、世界経済における基幹産業にまで発展した。また、革命により自由な移動を手に入れた人の生活様式は大きく変貌を遂げ、私達はクルマの所有を前提とした社会で様々な機能価値・情緒的価値を享受してきた。

　最初の自動車革命から1世紀が経った今日、著しい環境変化は否が応でも自動車産業を前へと進ませる。米Tesla社が2008年に同社初の電気自動車（EV）を生産してからわずか数年で米国はもちろんのこと、日本や欧州、中国、豪州と販売拠点を拡大し続けている。また、米Google社はセルフドライビングカー（自動運転車）を開発し、米GM社やトヨタ自動車が配車サービス企業と戦略提携をした。最初の自動車革命を起こしたフォードは、この社会を想像できたであろうか。

　そして、近未来に自動車産業は新たな局面を迎える。いま既に起きている三つのドライバーによって、クルマの役割、使われ方、利用者が全て変わるのだ。一つ目は環境問題への対応策

として「パワートレーンの多様化」がさらに進むこと、二つ目は先端技術の進展により「クルマが知能化」すること、そして三つ目はサービスに対するニーズや価値観の変化に伴い、消費者にとって「シェアリングサービス」が日常風景となることである。これらの要素が複雑に絡み合い、これまで「人の移動・物の輸送」が主な目的とされてきたクルマの位置づけが大きく変貌を遂げる（図1）。

先進国や新興国の都市部における富裕層の増加により、街乗りが目的の量販車／小型車から、プレミアムカーやスポーツカーがもてはやされるようになった。人の欲求はとどまることを知らず、プレミアムを手にした消費者は今後、他人とは異なるオリジナリティーや「個」を実現することを求めるようにな

図1　2030年のモビリティー社会の世界観（クルマ・移動の変化）

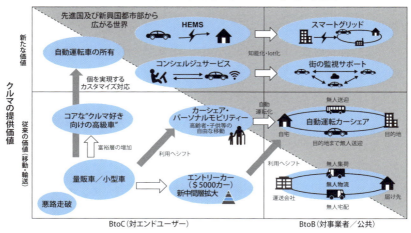

る。それは、「自分だけの移動空間」としてのクルマを所有し、自分だけのサービスを享受することにつながっていくだろう。

さらに電動化・コネクテッド技術（つながるクルマの技術）の浸透から、クルマは自宅のエネルギー管理や非常用電源と言った機能を備えるようにもなる。クルマが新技術により知能化すると、地域インフラの一部として機能するようになり、都市のエネルギー最適化に貢献する。クルマそのものが知能となり街中に分散されることから、地域パトロールの役割も担うことになる。

こうした技術の進展に伴い、消費者がクルマを「所有」することから「利用」することにシフトしていく。運転が困難な高齢者や障がい者、公共交通が発達していない地域の居住者、法的に運転ができない若年層など交通弱者は、無人運転車を共同利用することにより、安全で自由な移動を実現できる。誰もが望むことをするために、いつでも、どこへでも移動することができるようになる。そして、まだモータリゼーションが到来していない新興国においても、経済的理由からこれまでクルマを購入することができなかった層も、クルマを「利用」することによりクルマの所有者と同等の移動権を獲得できることになる。

つまり、過去1世紀にわたり確立されたシステムは完全に崩壊し、新たなエコシステムが誕生するのである。これまで私達が当たり前と思っていた環境や価値観は一新され、かつて経験したことがない社会が生まれる。

今からわずか十数年後の2030年に、「モビリティー革命」が

起こるのである。そして、この兆候は既に見え始めている。

　本書では、「モビリティー革命」を引き起こす三つのドライバーが自動車産業に及ぼす影響と変革のメカニズムを明らかにし、これにより起こる産業構造の変化を考察する。さらに、三つのドライバーによる自動車産業（乗用車・商用車・部品メーカーといった既存プレーヤー）における変化のシナリオを論究する。また広義の自動車産業として、流通・保険業界における変化についても検証する。

　本書の執筆に際して、私達は二つの点に主眼を置いた。第1に、特定の技術や領域にとどまることなく広義の自動車産業を俯瞰し、モビリティー社会の絵姿・シナリオを描くこと。第2に、これから起こり得る変化とそのインパクトを定量的に分析すること。これにより読者の方に、来るモビリティー社会とその影響を具体的に想像し、勝ち残り策についての議論のきっかけにしていただけると考えている。なお本書は、2016年4月から7月まで日経BP社のWEBサイト「日経テクノロジーオンライン」で連載した記事に、さらに考察を加えたものである。

　デロイト トーマツ コンサルティング自動車セクターは2016年現在、100人強の陣容で自動車関連企業に対して全方位から20年以上にわたりコンサルティングサービスを提供している。自動車産業を取り巻く環境の変化に連動し、私達がクライアントから相談を受ける内容も近年複雑で高度なものになってお

り、常にグローバルレベルで将来を的確に見据えたスピーディーなアクションが求められている。私達のミッションは、広義の日本自動車産業のさらなる競争力強化のためにクライアントと共に考え抜き、戦友としていかなる壁をも共に打ち破っていくことに尽きる。

「今こそ大きなチャンスの時である。だがそれを知っている人は実に少ない」(ヘンリー・フォード)。革命は時に苦痛をもたらす。しかし、日本そして世界経済の根幹を支えてきた日系メーカー各社には「革命指導者」となり、世界の自動車産業のリーディングプレーヤーであり続けてほしい。

いま求められているのは、不可避な潮流の訪れを好機と捉え、「where to play and how to win(どこで戦い、どのようにして勝つか)」の攻めの発想である。本書がその一助となれば幸いである。

『モビリティー革命2030 ～自動車産業の破壊と創造～』

はじめに ………………………………………………………… 1

目次 …………………………………………………………… 6

第1章 パワートレーンの多様化：
　　　　280兆円の投資を伴う次世代車普及の意味 ……… 12

- ティッピングポイントの抑止に向けた本気の挑戦の始まり ……… 14
- 2050年にCO_2排出量を90％削減、自動車メーカーも取り組みに本腰 … 15
- 2050年には次世代車が100％？ ………………………………… 17
- 自動車移動そのものを減らす？ ………………………………… 21
- 押し寄せる新しい波：自動車産業は生き残れるか？ ………… 23

第2章 クルマの知能化・IoT化：
　　　　30％の移動を変える3％の自動運転車 ……………… 28

- 新技術の勃興 ……………………………………………………… 30
- 2030年に3000兆円の価値を生み出す知能化・IoT化 ………… 31
- 予測・学習・自律化により到来する「クルマの知能化社会」 … 34
- インパクトがより顕著な自動運転社会 ………………………… 36
- ディスラプターが主導するクルマ産業の破壊 ………………… 38
- 自動車メーカーが直面する価値喪失 …………………………… 43
- コトづくりシフトへの挑戦 ……………………………………… 45

第3章　シェアリングサービスの台頭：　2台に1台がシェアリングになる？ ……… 52

- 「Uber」の衝撃 ……… 54
- シェアリングの普及要因、2〜3割削減する移動コスト ……… 56
- シェアリングの流れはここまで進む ……… 60
- 既存自動車ビジネスへの破壊的インパクト ……… 62
- 新興国発イノベーション普及の可能性 ……… 64
- 顕在化しつつある抵抗勢力 ……… 67
- シェアリングエコノミーが進展した未来の自動車産業 ……… 70

第4章　既存自動車産業への影響：　40兆円の付加価値シフトが起こる ……… 74

- 新モビリティー社会の誕生 ……… 76
- 限界費用"ゼロ"の破壊力 ……… 78
- 社会課題解決手段としての新モビリティー ……… 79
- 産業バリューチェーンの破壊と創造 ……… 83
- 自動車業界へのインパクトを試算 ……… 85

第5章 乗用車メーカーへの影響：
　　　　2030年に乗用車メーカーの利益は半減する？ ……… 90

- 三つのドライバーによる驚愕のインパクト ……………………… 92
- 乗用車メーカーが生き残る道 …………………………………… 97
- 残されたもう一つの選択肢
　〜モビリティー・ソリューション・プロバイダー化〜 ………… 99
- モビリティー・ソリューション・プロバイダーが提供すべきサービス … 102
- レコメンドの最大の敵はGoogleか？ …………………………… 105
- マネタイズへの挑戦 ……………………………………………… 107
- 次世代型ビジネスモデルへの移行シナリオ …………………… 109
- 地域を軸に好循環サイクルを作れ ……………………………… 111

第6章 商用車メーカーへの影響：
　　　　トラック"ゼロ"時代の到来が意味するもの ……… 116

- 「はたらく」クルマの世界 ………………………………………… 118
- 商用車業界のトレンド　今そこにある「危」「機」 …………… 120
- トラック"ゼロ"時代の到来 ……………………………………… 124
- 勝ち残りの条件：トラック"ゼロ"の本質を捉える ……………… 129
- 未来に備えよ：作り出せ ルールを変える、生業を変える …… 137
- 商用車産業の行きつくところ クルマはもう"はたらかない" … 140

第7章　日系サプライヤーの生態系変化：「ケイレツ」崩壊と部品業界存亡の危機 …… 148

- モビリティー革命による構成部品の変化 …… 150
- 部品業界の変化を促す自動車メーカーの競争環境変化 …… 151
- サプライヤーが担う戦場の変化 …… 154
- 勝ち残るサプライヤーの目指す方向 …… 156
- 日系自動車産業にとっての最悪シナリオ …… 161
- 系列依存からの脱却の必要性 …… 162
- 技術・リソース外部調達の必要性 …… 165

第8章　自動車販売とアフターチャネルへの影響：アフターサービス需要は3～4割減に …… 170

- 顧客接点ゼロにどう立ち向かうか …… 172
- クルマもネット販売の時代に …… 172
- アフター領域で進むカーディーラー対ネットの競争 …… 175
- 顧客接点ゼロの将来 …… 176
- 書店で起こった店舗数7割減の衝撃 …… 178
- 自動運転＋テレマティクスで修理・点検は40％減に …… 179
- 将来社会における二つのビジネスモデル …… 182
- アフターチャネルの大変革に向けて …… 189

第9章 保険業界への影響： 150兆円に拡大する自動車保険産業 ……… 192

- テレマティクス保険がユーザーエクスペリエンスを変える ……… 194
- 自動運転の登場により縮小する従来型保険市場 ……… 195
- 「所有と利用の分離」がもたらす機能分化 ……… 198
- テレマティクス保険の躍進 ……… 201
- 押し寄せるFintechの波 ……… 205
- 保険産業が牛耳る世界 ……… 207

第10章 自動車産業への提言： 自動車産業の転換が社会をさらに良くする ……… 212

- これまでに論じてきた変化への外圧 ……… 215
- 自動車ビジネスに求められる五つのパラダイムシフト ……… 218
- 求められるのは、緩やかな変化への構え ……… 226
- 自動車産業の転換により、社会はもっと良くなる ……… 229

| おわりに ……… 232 |
| 著者紹介 ……… 234 |

第1章 パワートレーンの多様化

第1章　パワートレーンの多様化

280兆円の投資を伴う次世代車普及の意味

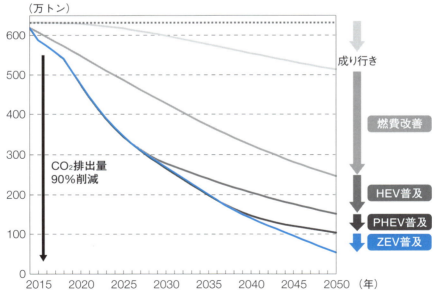

次世代車の普及による乗用車のCO_2排出量の推移

今日、その必要性が世界のコンセンサスとして認識されている「2℃上昇抑制」を実現するには、自動車のCO_2排出量を劇的に削減することが求められる。市場成長を前提として世界の自動車CO_2排出量を現在の1/10に抑えるには、2030年には4台に1台、2050年までには全ての車両を次世代車にする必要がある。そして、そのためには2030年までに28兆円、2050年までに280兆円の社会としての投資が求められる。

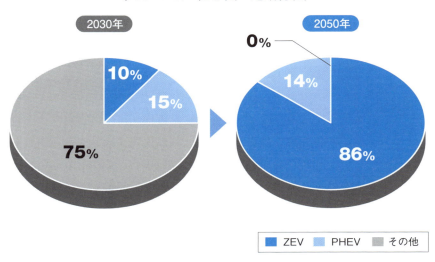

各国の新車販売台数に占める次世代車の割合

グローバル（5か国・地域総和）

産業革命前と比べて気温上昇が2℃を超えると、地球環境に壊滅的かつ不可逆的なダメージを与えるという「ティッピングポイント」に関する認識は、世界のコンセンサスとなっている。国連の「気候変動に関する政府間パネル」（IPCC）は2014年3月の報告書で、「20世紀末に比べて気温が2℃以上上昇すると生態系や気象などへの影響が大きくなり、食糧生産の減少や大規模な移住、紛争、貧困といった深刻な問題を引き起こす」と指摘した。

ティッピングポイントの抑止に向けた本気の挑戦の始まり

　2015年末にはパリでCOP21（国連気候変動枠組条約第21回締約国会議）が開催され、「パリ協定」が採択された。同協定では、世界の平均気温上昇を2℃未満に抑えること（1.5℃に抑えることがリスク削減に大きく貢献することにも言及）に向けて、人間活動による温室効果ガスの排出量を21世紀後半には世界全体で実質的にゼロにしていく方向が打ち出された。

　また各国首脳や企業トップは、パリ協定に同調する声明を発表した。今後、地球温暖化の抑制に向け、国際社会・各国政府・企業・非政府組織（NGO）などのあらゆるステークホルダーが、これまでにないレベルで二酸化炭素（CO_2）削減に本気で取り組んでいくことになるだろう。

2050年にCO_2排出量を90％削減
自動車メーカーも取り組みに本腰

　日本政府はCOP21に向けた「約束草案（INDC）」において、運輸部門のCO_2排出量を2030年に2013年比で27.6％削減する目標を掲げた。また、国際連合や国際エネルギー機関（IEA）などの国際機関、世界自然保護基金（WWF）や気候行動ネットワーク（CAN）などのNGO、研究機関も、乗用車部門への言及がないものもあるが、将来に向けたCO_2削減の具体的な必要数値を公表している。

　自動車メーカー各社も、運輸部門におけるCO_2排出削減の必要性を認識している。ホンダは自社サイトにおいて、「近年における世界的な気候変動問題に対する産業界への期待に対し、温度上昇を2℃以内に抑えるための科学的根拠に基づいた温室効果ガス（GHG）排出削減目標の設定に賛同します」という社長メッセージを掲載している。

　日産自動車は2011年10月に公表した「ニッサン・グリーンプログラム2016（NGP2016）」において、「気候システム安定化のために平均気温の上昇を2℃以内に抑えるには、2050年に2000年比で90％のCO_2排出量削減が必要」と主張している。トヨタ自動車も2015年10月の自社環境フォーラムにおいて、2050年には自社の新車平均CO_2排出量を2010年比で90％削減することをコミットした。

　デロイトは、気温の2℃抑制の実現に向けては乗用車のCO_2

排出量を2050年に2015年より90％削減することが必要と考え、シミュレーションモデルを構築し、そこに至る道筋を試算した（図1）。

この道筋を実現するためには、世帯数の減少・自動車保有率の減少による「成り行き」での市場縮小や燃費改善、ハイブリッド車（HEV）の普及など、既に見えている方策では十分でない。プラグインハイブリッド車（PHEV）や電気自動車（EV）、燃料電池車（FCV）といった、いわゆる"次世代車"の普及が不可欠となる（図2）。

図1　乗用車の新車販売台数基準のCO₂排出量の推移と各目標値
あらゆるステークホルダーが、大幅なCO₂削減目標を掲げている。

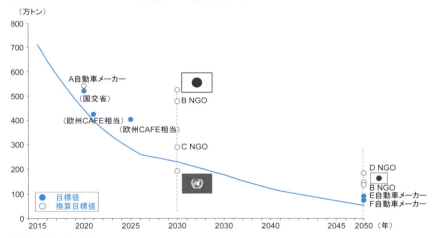

出所：デロイト分析

図2　乗用車のCO_2排出量の推移（万トン）
CO_2排出削減目標の達成に向けては、次世代車の普及が不可欠。

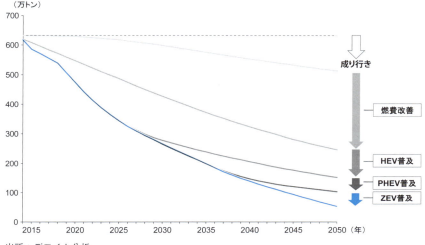

出所：デロイト分析

2050年には次世代車が100％？

　市場が横ばいで推移する日本に対して、世界全体で見ると問題はより深刻となる。今回、日本・米国・欧州・中国・インドにおける市場成長とCO_2排出量の増加を予測したところ、中国・インドなどの経済成長によるモータリゼーションの進展に伴い、成り行きでのCO_2排出量は世界で現在の2.5倍程度にまで増加すると考えられる（図3）。

　市場成長を前提として世界の自動車CO_2排出量を現在の1/10に抑えなくてはならないということは、成り行きでのCO_2排出量から1/25にまで削減を迫られるということを意味している。

図3 成り行きケースにおける世界のCO_2排出量
中国やインドの経済成長等に伴い、成り行きで2050年に2.5倍のCO_2排出が想定される。

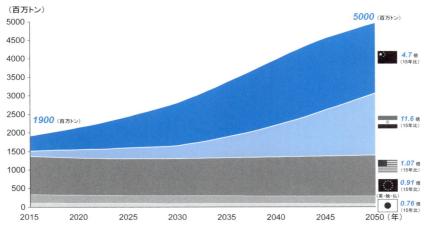

出所：デロイト分析

　デロイトの試算では、これを実現するには世界全体の新車販売において、2030年には4台に1台、2050年までには全ての車両を次世代車にする必要があるという結果が得られた（図4）。

　2050年に向けて新車販売の全てを次世代車にしようとするときに問題となるのは、「世界全体でどのような次世代車配置を通じて、その割合を実現していくのか」ということである。既に自動車が十分に普及している先進国においては、CO_2排出量を現状の1/10に抑えることは相対的にやさしい。一方で、今後モータリゼーションが加速する国においては、市場の拡大と並行してCO_2を削減しなくてはならないため、より厳しい挑戦を強いられる（図5）。

図4　求められる次世代車の販売割合の推移
2050年までに、全ての新車販売を次世代車にする必要がある。

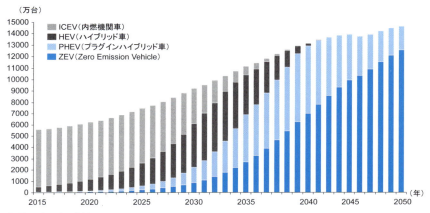

出所：デロイト分析

図5　各国の新車販売台数に占める次世代車の割合
特に今後も市場拡大する米国・中国・インドは、日本・欧州に比べ極めて厳しい努力が必要となる。

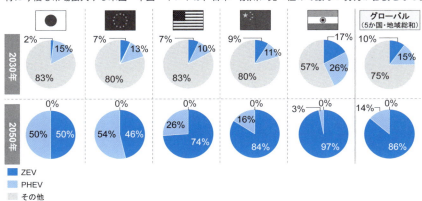

出所：デロイト分析

現状のモータリゼーションの度合いの差が経済格差にあるとすれば、同等の削減幅を強いることについて、先進国以外から反論が出ることは間違いないだろう。「等しくモータリゼーションの恩恵にあずかった前提からはじめ、等しくCO_2削減の努力をしていく方がフェアではないか」というものである。

　当然、先進国には世界の次世代車の普及を牽引していくこと、新興国の次世代車普及を後押ししていくことが求められるだろう。

　それでは次世代車を普及させていくとき、どの程度の投資が必要になるのか。大まかに推定してみよう。現状のガソリン車の価格を200万円とした場合、次世代車は100万～500万円のコストアップとなり、今後10年かけてガソリン車と同水準の価格になると仮定する。インフラコストとしてはEVとPHEVには1台当たり家庭用充電器（10万円）が1基、FCVには1000台当たり1基の水素ステーション（2億円）を必要とする。

　この単価に前述の世界での次世代車販売台数推移を掛けると、2030年までに必要な追加コストは累計で約28兆円に達する。さらに2050年に向けては、インフラのコスト低減が進まないとすれば、累計で約280兆円にまで跳ね上がる。

　次世代車への本格シフトはこうした膨大なコストに加え、政府、自治体、ユーザー、エネルギーや交通・物流業界など様々なステークホルダーのコミットメントなしには実現しない。果たして、グローバルで足並みをそろえて、膨大なコストの原資を確保しながら、様々なステークホルダーの意識変革を実現す

ることは可能だろうか。

自動車移動そのものを減らす？

　もう一つの解決策がある。クリーンな次世代車の割合を増やすのに限界があるのなら、「分母」であるクルマそのもの、またはクルマによる移動そのものを減らすという手段だ。

　カーシェアリングは、新しい移動手段として世界で急速に普及が進んでいる。カーシェアリングの普及は、CO_2削減に貢献する。数年前まで、カーシェアリングを行ってもクルマの走行距離に変化がなければ、CO_2の削減に寄与しないのではないかという議論が比較的真剣に行われていた。だが実際のデータは、その着実な効果を示している。

　例えば米Frost & Sullivan社のレポート（2010年発行）によると、米国の都市部ではカーシェリングの導入によってクルマの運転量が31％減少し、48万2170tのCO_2が削減できたと報告している。「交通エコロジー・モビリティ財団」による2013年の報告書「カーシェアリングによる環境負荷低減効果の検証報告書」においても、カーシェアリングが自動車保有割合の減少、自動車移動距離の減少に寄与することを示している。

　カーシェアリングは、移動にかかるコストを可視化・細分化して提供するサービスである。ユーザーは自分の移動ニーズ（移動する距離や時間、出発地・目的地）に合わせ、最適な移動手段を選択する（図6）。分かりやすく言えば、個人がクル

図6 移動手段ごとの移動コスト比較

シェアリング＝移動コストの細分化・可視化により、走行抑制が働く。

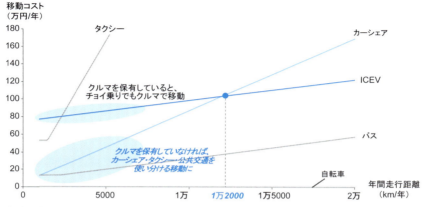

出所：デロイト分析

マを保有していると短距離・短時間の"チョイ乗り"でもクルマを利用するが、カーシェアリング利用者の場合、徒歩・自転車・公共交通など他の移動手段をより積極的に利用することになる。

さらに、大胆で単純な方法がある。クルマを売らないことである。世界の自動車保有台数が現在の1/10になれば、燃費が現在と変わらなくてもCO_2排出量は1/10に減る。大きな投資を伴う急速な次世代車シフトを推進していくか、カーシェアリングや台数抑制によって分母を減らしていくか。自動車業界としては、いずれかの方法でCO_2排出量の抑制が求められる。

押し寄せる新しい波：自動車産業は生き残れるか？

　筆者は先日、米ロサンゼルス市で米Uber社のタクシー配車サービスを利用した。その効率性と快適なエクスペリエンスに驚愕した。米Google社が完全自動運転車を開発していることは誰もが知っている。新しいモビリティー社会の波は、着実に訪れようとしている。新しい波を目の当たりにする一方で、冒頭からのCO_2に関する議論を振り返ると、根源的な問いが脳裏をよぎる。そもそも現在の自動車社会は、あるべきモビリティー社会と言えるだろうか。

　気温の2℃上昇を抑制する取り組みの必要性が声高に叫ばれ、国際的なコンセンサスとなった今日、ガソリン車によるCO_2の排出は、「喫煙はあなたにとって心筋梗塞の危険性を高めます」というパッケージの表示を眺めながら喫煙しているようなものだと言わざるを得ない。クルマからのCO_2排出を抑制することができず、輸送部門の削減未達分を補う他のソリューションがなければ、クルマが「ティッピングポイント」を招き、地球環境に壊滅的かつ不可逆的なダメージを与える引き金となることを意味している。

　これまで自動車産業の成長は、人類の経済成長と表裏一体であった。人々にとってマイカーは豊かさの象徴であり、所得が一定を超えると利便性とステータスシンボルを獲得するため、こぞって自家用車を購入した。その消費行動が産業を潤し、雇用を生み、国家の成長を支えてきた。

一方、そのイナーシャ（慣性）が続く先には、確実な地球の破壊が見えている。ガソリン車は膨大なCO_2を排出している。車両質量1tの製品には膨大な資源が使われているが、稼働率は低く、多くの自家用車は駐車場で遊休資産となっているのが主な姿だ。大都市では渋滞を巻き起こし、交通事故はなくなっていない。

　次世代車の普及に280兆円もの投資を伴うと言うと、「ばかげている。あり得ない」と一笑に付す業界関係者がいるかもしれない。だが、「どちらがばかげているのか？どちらがあり得ないのか？」と、質問を投げ返されるリスクを認識する必要がある。常軌を逸したレベルでのCO_2削減要求が、資本主義経済に依拠する自動車市場の拡大そのものに疑問を呈する声を高めるきっかけとなる可能性が大きい（図7）。

　社会課題を解決しつつ、これまでと同じようなユーザーへの価値提供と経済産業への貢献を維持していくこと。真にサステナブルな産業へと転換していくことが、自動車産業の生き残りに向けて、今まで以上に強く求められているのではないだろうか。

図7 将来のモビリティー社会の変革に向けた力学
CO_2削減要求は、将来のモビリティー社会の変革を加速するイネーブラーとなり得る。

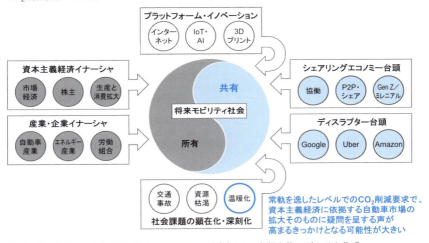

出所:ジェレミー・レフキン著「限界費用ゼロ社会」NHK出版を基にデロイト作成

第2章 クルマの知能化・IoT化

第2章　クルマの知能化・IoT化

30%の移動を変える3%の自動運転車

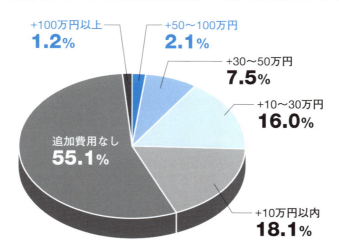

消費者アンケート結果

「どの位の追加費用で、自動運転機能付自動車の購入を検討しますか？」

- +100万円以上 **1.2%**
- +50〜100万円 **2.1%**
- +30〜50万円 **7.5%**
- +10〜30万円 **16.0%**
- +10万円以内 **18.1%**
- 追加費用なし **55.1%**

加減速や操舵などの全ての制御をシステムが行う「完全自動運転車」は2030年に、どこまで普及しているだろうか。一つの目安として「新車販売台数の3%」という数字を挙げたい。消費者調査からは、自動運転車に対する厳しいコスト感度が読み取れた。50万円以上の追加コストを支払う意思がある消費者は3.3%に過ぎない。一方、走行距離ベースで見ると完全自動運転車は、販売される新車の中で「30%の移動」を支える可能性を秘めている。

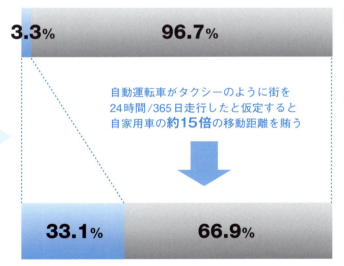

販売台数ベースの自動運転車比率（2030年）

3.3%　96.7%

自動運転車がタクシーのように街を24時間/365日走行したと仮定すると自家用車の**約15倍**の移動距離を賄う

33.1%　66.9%

移動距離ベースの自動運転車比率（2030年）

※販売台数比率は、自動運転機能のコストが50万円と仮定し、消費者アンケート結果に基づき、3.3%と概算

※自動運転車の年間台あたり走行距離は、日本における自動車の平均走行速度（36.4km/h）に東京のタクシーの実車率（43%）を積算、24時間365日稼働の前提で試算

新技術の勃興

　昨今、米Alphabet社傘下の米Google社をはじめとする異業種企業が、自動車産業に参入する動きを見せており、毎日のように紙面を賑わしている。米Apple社の「Car Play」[※1]やGoogle社の「Android Auto」[※2]のようなコネクテッドカーにおけるサービス基盤提供や、Google社や中国Baidu（百度）社などの自動運転車開発[※3]がその典型例であろう。それらの基盤となっている「AI（人工知能）」、「IoT（Internet of Things）」といった技術革新が、異業種から持ち込まれつつある。

　以上のように、自動車産業は「知能化・IoT化」という技術革新を通じて、産業構造変化を迎えつつある。本章では、まず知能化・IoT化が急激に進展した背景を紐解き、知能化・IoT化によって、自動車産業が迎える「自動車の知能化社会」のインパクトを定量的・定性的に分析する。その上で、自動車の知能化社会実現のカギを握る「プラットフォーマー」が自動車産業に与える破壊的影響を論じ、脅威と挑戦の方向性を提示する。

※1 Apple社が提供するiOS端末をカーナビ等の車載器と連携させる機能
　　http://www.apple.com/jp/ios/carplay/
※2 Google社が提供するAndroid端末をカーナビ等の車載器と連動させる機能
　　https://www.android.com/intl/ja_jp/auto/
※3 「百度の自動運転車開発計画、米国でテストを開始へ」（2016年3月18日）
　　http://www.nikkei.com/article/DGXMZO98552660X10C16A3000000/

2030年に3000兆円の価値を生み出す知能化・IoT化

　そもそも、自動車産業に限らず幅広い産業において進展しつつある、知能化・IoT化とは何か。なぜ今これら技術に対する期待が高まりつつあるのだろうか。自動車産業における変化・インパクトを検証する前に背景を整理したい。

　まず先にIoTは文字通り、「身の周りのあらゆるモノがインターネットにツナガル仕組み」と定義できる。IoT自体は手段であり、モノがツナガルこと自体に価値はない。しかし、IoT化が進むことでより大量のデータを収集、蓄積・分析、活用することが可能となり、様々な場面で新たな価値提供が期待される（図1）。

　IoTの概念自体は、1990年代後半より提唱されている[※4]。しかし、データ収集に必要な高機能センサー、高速データ通信

図1　IoTの活用イメージ

[※4] 無線IDタグの専門家であるケビン・アシュトンが1999年に初めて「IoT」を提唱したと言われている。http://www.soumu.go.jp/main_content/000361866.pdf

網、大量のデータの蓄積・分析に必要な大容量ストレージ、高機能ICチップといったデータ収集、蓄積・分析、活用のインフラが未整備・高コストであったことで実用化が見送られてきた。昨今、上述の各要素技術の進化・低コスト化に伴い、IoTの実現が急速に加速している。例えば、1990年後半から2015年にかけて、1バイトあたりのデータストレージコストは約1/1000に低減している[※5]。

続いて、知能化の進展について触れたい。知能化の定義は多岐にわたるがここでは、「ソフトウエアからなるAIによる、知覚と知性の実現」と定義する。AIを用いた知覚と知性によって、ものごとを識別・予測することが可能となり、人を支援する、もしくは人に置き換わることが期待される（図2）。

図2　AIの進化と機能の広がり

AIの進化		進化の要因	AIの機能（果たす役割）		
			識別・実行	学習	予測
制御	単純制御	制御機能設計	文字データから単一機能の可否を識別、プログラムに基づき実行	なし	なし
	複合制御	システム連携	文字データから複数機能の可否を識別、プログラムに基づき実行	なし	なし
機械学習	学習（ヒトが設計）	IoT・ビッグデータ	文字・音楽・画像・動画データをパターンで識別、プログラムに基づき実行	ヒトの設計に基づき機械が学習	プログラムに基づく数値・ニーズ・意図表予測
	学習（機械が設計）	ディープラーニング	文字・音楽・画像・動画データを学習に基づき識別・実行	機械自身の設計に基づき自己学習	学習に基づく数値・ニーズ・意図表予測

※5 「Graph of Memory Prices Decreasing with Time（1957-2015）」
　　http://www.jcmit.com/mem2015.htm

IoT同様、知能化も古くより提唱されている概念である[※6]。しかし、初期のAIは、人がプログラミングした通りにものごとを識別・実行することにとどまっていた。1990年代には「人に設計された仕組みに基づく学習（＝プログラムの自律的な書き換え）」により、学習・予測が可能となったものの、パターンの学習に足るデータを得られないことが課題であった。昨今、IoTと掛け合わせることで、この課題が解消されようとしている。また、詳細な説明は割愛するが、ディープラーニング技術によって、「人が設計した範囲を超える学習」が可能になると期待されている。以上のように、「人に出来る事がAIでも出来る」のみならず、「人には出来ないがAIに出来る」という、知能化のブレークスルーが実現しようとしているのである。

　知能化・IoT化はどれだけの価値を生むのだろうか。一例としてネットワーク化されたデータが生み出す価値を定量的に捉えてみたい。データが生み出す価値は、接続されたデバイス数の2乗に比例して増加すると言われている（メトカーフの法則）。接続されたデバイス数は今後、爆発的に拡大し、当面、年率16％で拡大する見込みであり、2030年には2015年の約9.5倍になる。これに基づくとIoT化とそれと掛け合わせて加速する知能化の価値は、2015年の約3300億ドルから2030年には30兆ドル（約90倍）に膨れ上がる。

　これらは具体的にどのような価値なのだろうか。例えば、米

※6 1956年のダートマス会議で初めて「人工知能」が定義されたと言われている。
　　http://www.soumu.go.jp/main_content/000400435.pdf

GE社は産業機器のIoT化を通じ、航空機エンジンとそのメンテナンスなど、モノとサービスの一貫提供を図っている。また、米Amazon社では知能化によるユーザー嗜好の解析・予測を通じ、ユーザーから発注を受ける前に予測発送するサービスを模索中である。一言でいうならば、モノづくり・サービスにおいて、「最適化」を図ることと言える。

予測・学習・自律化により到来する「クルマの知能化社会」

急激に発展しつつある知能化・IoT化というトレンドは自動車産業にも波及するのだろうか。波及した場合に形成される「自動車の知能化社会」はどのような姿で、どれほどのインパクトをもたらすかについて分析したい。

技術的実現性に加え、社会・消費者からの要請に基づき、コネクテッドカー・自動運転車といった形でクルマの知能化・IoT化が普及する見通しである。今後20年間で、世界において100万人を超える都市人口は1.4倍、交通事故数は3倍、自動車利用に伴うCO_2排出量は1.5倍に上るとも言われる[7]。そのような中、交通の全体「最適化」に寄与するクルマの知能化・IoT化は、これら課題解決の有望な打ち手の一つとして期待が寄せられている。

※7 都市人口は「World Urbanization Prospect」United Nations、交通事故数はThe Pulitzer Center on Crisis Reportingをもとにデロイトが推計。CO_2排出量は前稿提示のデータ。

図3 知能化×IoT化の融合によってもたらされる「クルマの知能化社会」

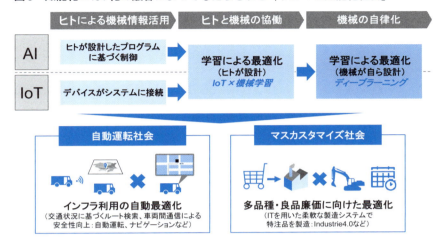

　それでは、知能化、IoT化、およびそれらの掛け合わせによって、どのような新しいクルマ社会（＝クルマの知能化社会）がもたらされるのだろうか。その大きな方向性としては、「自動運転社会」と「マスカスタマイズ社会」という二つがあると予想される（図3）。

　以降、モノづくり、クルマの利用において今とは大きく異なる社会が実現される様子を例示したい。

　――自動車工場では、見慣れない光景が広がっているはずだ。生産「ライン」は見当たらず、個別のワークステーションの間を、1台1台のクルマが異なるルートで受け渡され、一つの工場から全く異なる外観・内装のクルマが次々とラインオフされていく。当然、工場内にヒトの姿は見当たらず、全ての工

程がロボットにより運用されている。これらのロボットは常に工場全体で無駄なエネルギーが発生しないよう制御されている。

自動運転車の普及拡大により、「運転手」に加え、ハンドルを握らない「移動者」も増える。また、これらを組み込んだ交通システムは、移動の目的に応じて道路使用の優先順位を決めたり、「運転」そのもの禁止したりすることで、渋滞・事故とは無縁の移動を実現する。

自宅ではロボットやバーチャルエージェントが、車内ではクルマ自体が、ユーザーと直接「会話」することで、それぞれの好みや状況に応じた最適な移動や、より豊かな生活への提案・助言をシームレスに提供する「執事」となる。移動中はハンドルを握る必要がなくなり、またクルマが全ての情報へ「ツナガル」ことで、ユーザーはより豊かで上質な「イン・カーライフ」を求めることになる。

このような中で自動車関連事業者の価値提供の基準は、「クルマを売ること」から「イン・カーライフを売ること」へと変遷する。それに従い収益源も「販売」から、「広告」や「サービス提供」へと広がっていく。

インパクトがより顕著な自動運転社会

「クルマの知能化社会」がもたらす自動運転社会とマスカスタマイズ社会はどの程度の速さで広がり、どのようなインパクトを与えるのだろうか。ここでは社会に与えるインパクトがよ

り顕著な自動運転社会に着目し、定量的に検証したい。

完全自動運転車は2030年にどれだけ普及しているだろうか。一つの目安として「新車販売台数の3％」という数字を概算する。2030年時点で、完全自動運転の実現に要するセンサーのコスト（主に全方位LiDARの想定コスト）は50万円を下回らない見通しだ[※8]。一方、2014年にデロイトが行った日本の消費者調査に基づくと、自動運転車に対する厳しいコスト感度が読み取れる（**図4**）。

同調査によると、50万円以上の追加コストを支払う意思がある消費者は3.3％に過ぎず、過半数は自動運転車購入に際し通常の自動車以上の追加コストを支払う意思がない。このことにより、仮に技術的・社会的な制約を乗り越えたとしても、自動運転車の普及にあたっては経済的な制約が生じる見通しである。

一方、走行距離ベースで見ると完全自動運転車は、販売される新車の中で「30％の移動」を支える可能性を秘めている。Google社からの問い合わせに対する米運輸省の回答にもあるとおり、完全自動運転は見方を変えると「人工的なドライバー付のクルマ」と言える[※9]。完全自動運転車が現在のタクシーのように街を24時間・365日走行したと仮定した場合、自家用車の約15倍の距離の移動を賄うと推計される。この数値を掛

※8 米Velodyne社の全方位LiDARコストおよびADAS（先進運転システム）部品のコスト下落率よりデロイト推計
※9 「グーグルの自動運転車、人工知能が『運転手』 米運輸省見解」日本経済新聞（2016年2月12日）

図4　デロイト消費者調査と移動距離ベースでの自動運転車のインパクト

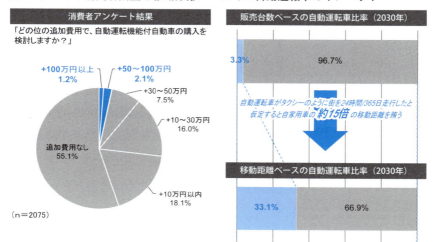

※販売台数比率は、自動運転機能のコストが50万円と仮定し、消費者アンケート結果に基づき、3.3%と概算
※自動運転車の年間台あたり走行距離は、日本における自動車の平均走行速度（36.4km/h）に東京のタクシーの実車率（43%）を積算、24時間365日稼働の前提で試算
出所：国土交通省、東京都

け合わせると、台数ベースでの広がり以上に、実感値として完全自動運転車が街中の道路を瞬く間に占有することになるということだ。自動運転車は普及台数以上に世の中に与える影響が大きい存在であることがお分かりいただけただろうか。

ディスラプターが主導するクルマ産業の破壊

　ここまで述べてきた「クルマの知能化社会」を発展させるのは、実は従来の自動車バリューチェーンとは一線を画した「プラットフォーマー」を中心に据えたエコシステムである。プ

ラットフォーマーの定義は多岐にわたるが、ここでは顧客接点を握り、業界内・業界間横断的に多様なデータ基盤を収集・蓄積し、サービス提供者等との連携の媒介となるプレーヤーとしたい。プラットフォーマーが求められる背景、自動車産業における胎動、インパクトはいかなるものだろうか。

　背景としては、知能化社会実現に向けて、1社に閉じないスケールのデータや、業界横断的な要素技術が必要とされることが挙げられる。IoTのデータ価値は前述の通り、データが生み出す価値は接続されたデバイス数の2乗に比例して増加すること[※10]、データ収集・解析（知能化含む）には一定の投資規模が必要であることから、スケールを持つプレーヤーに有利である。一方、通信・セキュリティーなどをはじめ、用いられる知能化・IoT化要素技術は決して自動車に特化したものではなく、業界横断的な展開が望まれる。それゆえ、データを収集・解析するプラットフォームを形成する巨人、要素技術を提供するエキスパートたちによる水平分業型"エコシステム"が、知能化社会に適しているのである。特定メーカー・自動車産業に閉じないことが強みとなるとも言える。

　実際に自動車産業においても、巨人・エキスパートが頭角を現しはじめている。プラットフォームを形成する巨人としてまず名前が挙がるのは、Google社であろう。同社は車載版Androidといえる「Android Auto」を自動車メーカー横断で

※10 メトカーフの法則

展開しており、2016年8月時点で既に約20ブランドに採用されている。ユーザーが車載ディスプレーを通じて接する情報を自動車メーカー横断で掌握しつつあるのだ。ナビゲーション機能に広告を表示するなど、広告・レコメンド収益モデルを自動車にも持ち込む狙いが見られる。

さらに、Google社の特許取得（2011年1月に出願、2014年1月に取得）状況から、これらと自動運転の組み合わせによる"送客"モデルを狙う動きが見られる[11]。この段階に達するとプラットフォーマーは、ユーザーにインセンティブを与えながら都市の人流制御を担うスマートシティ・スマートモビリティーの担い手と言えるだろう（図5）。

図5　Google社が狙うレコメンドと自動運転の組み合わせによる"送客"モデル

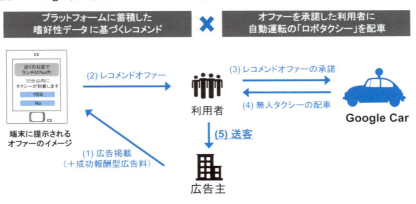

[11] US8630897 B1、「Transportation-aware physical advertising conversions」
http://www.google.com/patents/US8630897

要素技術を提供するエキスパートは大企業に限らず、有望なスタートアップ企業も一翼を担う。日本においてもMVNOとしてデータ通信SIMを提供するソラコム[※12]、自然言語処理技術、機械学習技術を有するプリファードネットワークス[※13]などのスタートアップ企業が、自動車産業と提携、サービスを提供する動きを見せている。これらの企業はバイオ・製造装置など自動車産業に限定されない様々な業界と横断的に連携を進めている。自動車産業としても今後一層、異業種の動向にもアンテナを張りながら、要素技術を提供するエキスパートと活発に協業していくことが求められるだろう。
　プラットフォーマーは、自動車産業のディスラプター（破壊を引き起こす変革者）となり得るであろうか。そのインパクトをプラットフォーマーの顧客・提供価値・収益源というビジネスモデルの特徴から紐解きたい。
　まず、プラットフォーマーにとっての顧客は、もはや自動車のドライバーだけではない。移動ニーズを有する全ての人であることが自動車産業にとって破壊的といえる。次章で取り扱う「カーシェアリング・ライドシェアリング」は、プラットフォーマーがそのような顧客の移動ニーズに応える手法である。
　続いて、プラットフォーマーの提供価値は、嗜好データに基

[※12]「株式会社ソラコムが未来創生ファンドより資金調達を実施　トヨタとKDDIによるグローバル通信プラットフォームへの活用検証を推進」（2016年7月6日）
https://soracom.jp/press/2016070601/
[※13]「トヨタ自動車、Preferred Networksに出資」（2015年12月17日）
http://newsroom.toyota.co.jp/en/detail/10680141

づく顧客起点で生み出される。最適なサービスを、様々なサービスプロバイダーから選択・提供できることは、製品起点の自動車産業にとって破壊的と言える。例えば買いたいものを買いに行くのではなく自動配送するなど、必ずしもクルマで移動するという解に依らないものとなる[※14]。ユーザーの嗜好を分析・予測する上では、プラットフォーマーならではの、業界内・業界間横断的な幅広いデータが活きることとなる。

　最後に、プラットフォーマーの収益源は必ずしもエンドユーザーから得られるものだけではない。言い換えると、エンドユーザーに対しての課金が、「フリー」となる場合もあり、ユーザーから収益を得ている自動車産業にとって破壊的である。前述のGoogle社が狙う、レコメンドと自動運転の組み合わせによる"送客"モデルでは、Google社は広告主・店舗から広告・送客費を回収することで、エンドユーザーには無償で移動手段を提供することが想定される。以上のように、プラットフォーマーは、自動車産業に対し、従来のものとはかけ離れたビジネスモデルで奇襲を仕掛けるディスラプターと言える。

※14 「新AI時代幕開け アマゾン、商品を予測で発送」(2014年7月22日)
　　　http://www.nikkei.com/article/DGXNASDZ18018_Y4A710C1H56A00/

自動車メーカーが直面する価値喪失

　前述のように出現しつつあるディスラプターが仕掛ける従来価値への破壊と新価値の創造は、従来の自動車メーカー、特に産業の中心である完成車メーカーにとってどのようなインパクトをもたらすのか。従来の自動車産業における価値の源泉であるモノづくりと販売・サービスといった観点から考察したい。

　まず、従来の自動車産業はモノづくりにおける価値の喪失に直面しつつある。これまで自動車メーカー各社の主たる顧客への提供価値は、「走る・曲がる・止まる」といったクルマの基本性能における差別化と、量産による低価格化であった。しかし、クルマの知能化社会、とりわけ（完全）自動運転社会においては、人々はハンドルを握る必要性がなくなり、「運転手」は単なる「移動者」になる。その結果、クルマの基本性能に対する顧客ニーズは徐々に飽和していく可能性が大きい。一方、運転から解放された「移動者」は、移動時間・空間をより快適なものにしようと「動く個室」づくりを求めだす。つまり、基本性能以外の部分（内装の設備・質感・色味など）においてカスタマイズニーズが広がることが想定される。

　結果として、クルマの基本性能はコモディティー化し、自動車メーカーが長年培ってきたモノづくりの価値は徐々に喪失していく。特に、このような価値喪失は「良品廉価」を追求してきた日系メーカーにとって、特に顕著に現れるのではないだろうか。

次に、従来の自動車産業は販売・サービス（＝コトづくり）においても、価値の喪失が懸念される。自動車メーカーはこれまでクルマを販売した後も、金融・保険、アフターサービス、中古車販売など幅広い顧客接点を持ち、盤石な顧客基盤・収益基盤を構築してきた。

　しかし自動運転社会では、人的ミスによる交通事故や故障トラブルは劇的に減少すると言われている。仮に交通事故がゼロとなった場合、自動車保険や事故が原因での修理・点検機会は全く無くなってしまう。加えてIoTによって、ソフトウエアに起因する修理・故障対応は遠隔でのプログラミングによって実施可能である。

　すなわち、これまでに築きあげた大事な顧客基盤・収益源の一角を失うことになる。さらに、次章で触れる「カーシェアリング・ライドシェアリング」が拡大すると、自動車の保有が前提ではなくなるため、さらに多くの顧客接点の喪失につながり得る。

　それだけではない。プラットフォーマーは、前述のとおり自動車業界内のみならず業界横断の多様なデータを活用することで、スマートシティ・スマートモビリティーの担い手にもなり得る。これは従来のプレーヤーがプラットフォーマーにとって対等なパートナーと言えるだけの存在にならなければ、プラットフォーマーの軍門に下り、デバイス提供者となることを意味している。全体最適を図るスマートシティ・スマートモビリティーが完全実装された社会では、従来の顧客バリューチェー

図6 知能化社会到来による価値の変化

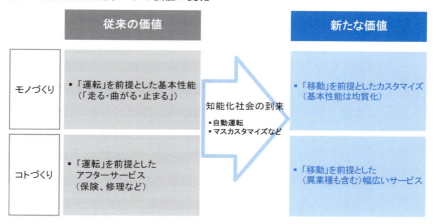

ン単体で個別最適化されたコトづくりが無価値化してしまうことは言うまでもないだろう（**図6**）。

コトづくりシフトへの挑戦

　これまで、クルマの知能化社会の到来により、従来の顧客バリューチェーン単体での価値提供は極めて難しいことを述べてきた。果たして、この知能化社会に組み込まれることを避けて通ることは可能なのだろうか。避けて通れないとすれば、従来の自動車産業はどのように立ち向かうべきなのだろうか。

　知能化社会は動き出した不可逆的なトレンドであり、避けて通ることはできないだろう。クルマの知能化社会と聞けば、自動運転車や「インダストリー4.0」などが連想されがちだが、

もっと身近なところにも知能化社会の芽は存在している。例えば車両や生産工程、及びその周辺から取得したデータを蓄積・分析し、車両開発や生産オペレーションの改善につなげた事例は数多く存在する。これらも広義には、クルマの知能化社会の一部といえる。また多くの自動車メーカーが自動運転車の開発にも取り組み始めている。すなわち、各社とも既に知能化社会に足を踏み入れているのである。

では、クルマの知能化社会において、自動車メーカーが従来の価値喪失を食い止める、または新たな価値を創出する方法はないのだろうか。ここからは、知能化社会における自動車プレーヤーの戦い方に関する以下の三つの論点について考察する（**図7**）。

図7　知能化社会で戦い抜くための論点

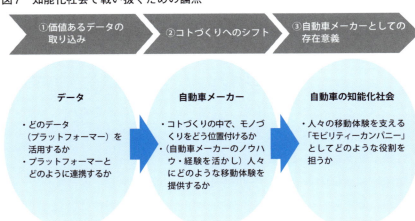

① 価値あるデータをいかに取り込むか
② コトづくりシフトをいかに実現するか
③ 自動車メーカーの存在意義をどう位置付けるか

　まず、①の価値あるデータをいかに取り込むかを検討する上で、自動車メーカーはプラットフォーマーと対峙するか、協業することが求められる。繰り返しになるが、クルマの知能化社会は、プラットフォーマーを中心としたエコシステムの形成により、業界内・業界間横断で多様なデータを収集・蓄積・分析することで実現する。近年は、米Ford社の「FordPass」[※15]のように、自動車メーカー自身がプラットフォーマーを志向する事例も見受けられるが、業界内での競合関係やケイパビリティーを踏まえても、自動車メーカー単体で規模を確保するのは容易ではなさそうだ。

　そうすると、当領域を専門とするプラットフォーマーとの協業が現実的と思われる。ここで重要な点は、自動車メーカーにとってプラットフォーマーと協業することは「苦肉の策」ではないということである。実はプラットフォーマーも乗り換えリスクを抱えた存在であり、強固な各業界プレーヤーに対して価値のあるデータを提供し続ける必要がある。あえて手の内としないことが、このリスク・負担を避けることにつながる。ただし、プラットフォーマーにとってのデータ収集端末と化すことなく、価値のあるデータを効果的に取り込むために「どのプ

※15「新AI時代幕開け アマゾン、商品を予測で発送」(2014年7月22日)
　　http://www.nikkei.com/article/DGXNASDZ18018_Y4A710C1H56A00/

ラットフォーマーと、どのように連携するか」が今後の重要な検討事項である。

　次に、②のコトづくりシフトをいかに実現するかを検討する上で、自動車メーカーには強みとなる提供価値を再定義することが求められる。自動運転化が進む知能化社会ではクルマの基本性能に対するニーズが均質化し、自動車産業が提供し続けた価値が喪失されている可能性がある。さりとて、モノづくりが必要なくなるわけではない。先進技術の詰まった自動運転車の普及に向けて、技術やコスト面のブレークスルーを主導するのは、外部の力も賢く取り入れた自動車メーカーであろう。

　一方、知能化社会におけるモノづくりは、サービス価値を内包することで新たな価値を見いだすことができるのかもしれない。それに向けて、不慣れなコトづくりにやみくもに取り組むのではなく、新たなモノづくりの在り方を模索するべきである。例えば、長年にわたり人々の移動を支えてきた自動車メーカーとしてのノウハウや経験値と、プラットフォーマーとの協業で得られる多様なデータを融合させることで、価値ある移動体験とは何かを追求できるであろう。

　以上のように、「人々に対してどうやって移動体験を提供するのか」も今後の重要な検討事項である。

　最後に、③の自動車メーカーの存在意義をどう位置付けるかを検討する上で、自動車メーカーは自ら破壊することが求められている。コトづくりへのシフトは、モノづくりで競争優位を発揮してきた自動車メーカーには受け入れ難いかもしれない。

しかし、クルマの知能化社会が確実に迫ってきていること、そのような社会ではクルマの性能よりも移動体験そのものが重視されるということは紛れもない事実である。現在、自動車メーカーは変革の岐路に立たされている。自動車メーカーではなく、人々の移動体験全体を支える「モビリティーカンパニー」として、どのような存在意義を見いだし、変革を遂げるべきか。真剣に考えるときが訪れたのではないだろうか。

第3章 シェアリングサービスの台頭

第3章　シェアリングサービスの台頭

2台に1台が
シェアリングになる？

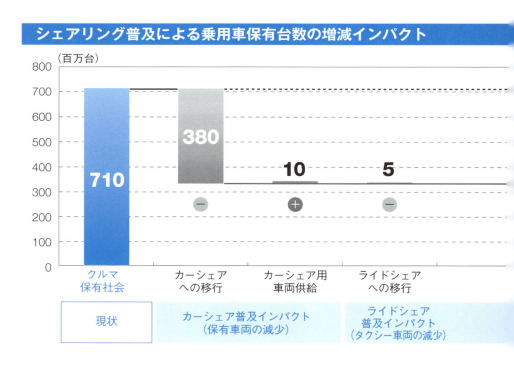

デロイトの試算によると、移動にかかるコストはクルマによる年間走行距離が1万2000km以下の場合、カーシェアの方が安くなり、1000kmを下回るとライドシェアが最も経済合理性が高まる。そこで、年間走行距離が1万2000km以下のユーザーがクルマの保有からカーシェアもしくはライドシェアに移行するとした場合、主要8か国・地域における乗用車保有台数は最大で53％減少し、およそ2台に1台がシェアリング車両となる可能性がある。

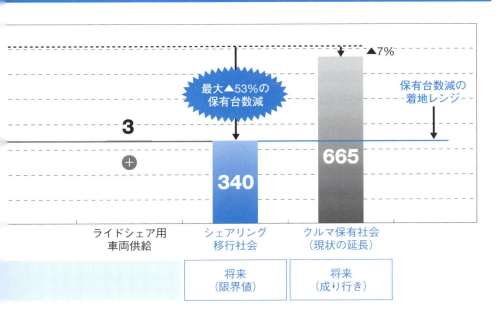

「Uber」というスマートフォンのアプリケーションは、いわゆる「ライドシェア」と呼ばれるサービスで、自分が指定した場所の周辺にいる運転手が迎えに来て、指定した目的地まで送ってくれるものである。料金は事前に登録しておいたクレジットカードから自動的に決済される。

「Uber」の衝撃

　日本においては規制上[※1]、Uberを利用してもタクシーが迎えに来る上、東京都内でも利用できるエリア・車両が限られている。しかし世界では2009年の創業からわずか7年足らずで、68ヶ国の400都市以上で展開するサービスとなった。なぜ、ここまで急速に普及したのだろうか。

　Uberがタクシー利用者を取り込みながら普及している理由は主に三つある。第1に「価格」である。先日、筆者が米ロサンゼルスに出張した際、ホテルから空港まで約15kmの距離を20分弱かけてUberで移動したところ、費用は17米ドルだった。タクシーを利用した場合、30米ドル以上かかっていたことを踏まえると、約半額という計算になる（図1）。

　第2に「利便性」である。海外出張中にタクシーをつかまえようとして苦労されたことはないだろうか。横から別の利用者が割り込んだり、タクシーの運転手から乗車を拒否されたり、

※1 第二種運転免許：道路交通法上の免許区分のひとつで、バスやタクシーなどの旅客輸送を目的とした運転を行う場合に必要となる免許

図1　Uberの利用履歴画面

英語力が足りずに目的地を正確に伝えられなかったりするなど、苦労話は絶えない。

　これに対してUberはアプリで車両を呼び出すため確実に乗車できる上、「Google Map」と連動しており、自身の位置情報に加えて、アプリ上で目的地を検索入力すれば自動的に目的地も特定してくれる。そのため、前述のような問題は起こりようがない。

　第3に「安心感」である。利用者がUberで目的地を設定すると、周辺にいる複数の運転手にその通知が届く仕組みで、もし2人以上の運転手が名乗りを上げると、ユーザーは各運転手

の車両名や過去の満足度評価の結果を参考にしながら、最も気に入った1人を選択できるようになっている。料金はあらかじめ見積もりができるため透明である。降車後に運転手に対する満足度を5段階で評価できるため、運転手は運転やルート判断のスキルに加え、接客のスキルも磨かねばならない。

シェアリングの普及要因
2～3割削減する移動コスト

　もっとも、自動車業界におけるシェアリングサービスとしてUberは、ほんの一例に過ぎない。例えば米国では最大のライバル「Lyft（リフト）」[※2]、欧州では長距離型ライドシェアの「BlaBlaCar」、中国で配車サービス市場をほぼ独占している「Didi Chuxing」などが代表例である。

　日本ではライドシェアは規制対象となるため、「タイムズカープラス」のようなカーシェアが一般的だ[※3]。駐車場などに空車が置いてあり、ユーザーは携帯電話やパソコンを通じて予約し、好きな時間に好きなだけ利用できる。使用頻度が少なければレンタカーで十分なため、クルマを利用する機会がそれなりに多いユーザーを取り込み拡大するサービスと言える（言い換えれば、所有から利用へとクルマ離れを加速し得る）。

※2　2012年に米サンフランシスコで創業。ライドシェアサービスを全米200都市以上で展開するスタートアップ企業。2016年1月に米GM社や楽天、中国アリババなどから総額20億ドルを資金調達したことで注目を浴びたことは記憶に新しい
※3　海外にも同様のサービスは存在し、米Zipcar社や独Car2Go社、同DriveNow社などが代表的

また近年では、一般ユーザーがクルマを使わない時間帯に他者に貸し出すことで対価を得る「P2P（個人間取引）」のシェアリングサービス[※4]や、プラグインハイブリッド車（PHEV）や電気自動車（EV）用として自宅にある充電器を貸し出せるインフラのシェアリングサービス[※5]なども登場し、ますますサービスの多様化が進み市場拡大に拍車をかけている。

　クルマ（＝移動手段）に限らずモノ・場所・ヒト（スキル）・カネなどのシェアリングサービスは増加の一途をたどっている。例えば、推定企業価値が数兆円規模と言われる、空き家を誰かに貸し出したいヒトと宿泊したいヒトをマッチングさせる「Airbnb（エアビーアンドビー）」、2015年4月にNASDAQに上場し、世界中のクリエーターが自身のハンドメイド商品をeコマース上で直販できて作り手と買い手をマッチングさせる「Etsy（エッツィ）」、特定スキルを持つフリーランサーがその能力を必要とするヒトに対して時間あたりでサービスを提供する「Upwork（アップワーク）」などが代表的だ。伝統的な資本主義経済との対比の意味を込めつつ「シェアリングエコノミー」と呼ばれており、今やあらゆる産業を飲み込む一大トレンドとなっている。

　これらのシェアリングサービスは、①規制要因（Politics）、②経済要因（Economy）、③顧客要因（Society）、④技術要因

[※4] 代表的なサービスプロバイダーは、米Getaround社や同Turo社、日本のAnyca（エニカ）など
[※5] 2010年に創業した米Recargo社によるPlugShare社は、米国・カナダの3万9000カ所、海外の4万7000カ所の充電ステーションをカバーする

（Technology）——の四つの普及要因によって、不可逆的に市場拡大するだろう。

一つ目の規制要因については、先進国・新興国を問わず深刻な社会課題とされている交通渋滞・大気汚染の解消に向けて、パーク・アンド・ライド[※6]や乗り入れ規制の導入・強化が進むと予想されるからだ。例えばインドの首都デリー市では2016年1月に乗り入れ規制が施行されたことに伴い、規制対象外となる車両を個人の間で融通するライドシェアアプリが大人気となっている（**図2**）。

図2　交通規制によるシェアリングサービス普及事例（インドの首都デリー市の事例）

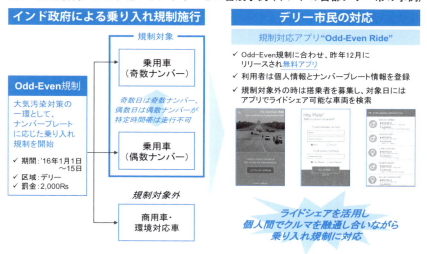

※6　自動車・原付・軽車両を郊外の公共交通機関の乗降所に専用駐車場を設置し、そこから鉄道や路線バスなどの公共交通機関に乗り換えて目的地に行く方法

図3 ユーザーの総移動コスト試算結果（費目別）
クルマ保有またはタクシーの総移動コストを1として推定。

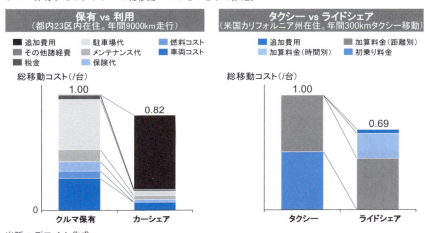

出所：デロイト作成

　二つ目の経済要因については、カーシェア・ライドシェア共に、マイカーやタクシーなどの既存の交通手段に比べて圧倒的にユーザーコストが低い点が挙げられる（図3）。

　デロイトの試算によると、移動コストは年間1万2000km以上走行する場合、クルマを保有する方が安くなる。それ以下の場合はカーシェアの方が安くなり、1000kmを下回るとライドシェアが最も経済合理性が高まる。なお、タクシーは走行距離に関わらず、ライドシェアよりコスト高となる計算だ（図4）。

　三つ目の顧客要因については、「ジェネレーションY」[7]以降の幼少・青年期からインターネットに慣れ親しみ、モノ・体

---

[7] 1980～1995年生まれの世代

図4 ユーザーの総移動コスト試算結果（走行距離別）

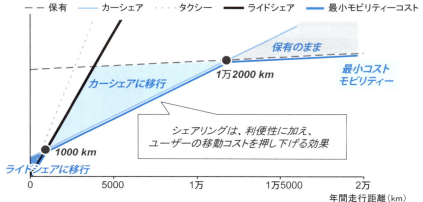

験・スキルなどをシェアすることに積極的な世代が本格的な自動車ユーザーとなる近い未来に、シェアリングがさらに拡大することが予想される。最後の技術要因については、IoT化がその波に拍車をかけるだろう。IoT化はメーカーやサービス企業にとって、遊休資産の新たな活用機会が生まれることを意味しているからだ。

　それでは、シェアリングエコノミーの流れはどこまで進むのか。また、既存の自動車ビジネスにどのような影響を与えるのだろうか。

シェアリングの流れはここまで進む

　「シェアリングは既存の自動車ビジネスを破壊し得るのでは

ないか」というのが最大の疑問として思い浮かぶ。その答えは「Yes」であり「No」でもある。すなわち、特にカーシェアを中心に既存の保有者のクルマ離れを促す（≒新車販売にマイナス）一方で、これまで公共交通を利用してきたユーザーのクルマ移動を新たに喚起する可能性がある。

前述の通り、クルマによる年間走行距離が1万2000km以下のユーザーがカーシェアもしくはライドシェアに移行した場合、デロイトの試算では主要8地域の乗用車保有台数が最大で53%減少し、およそ2台に1台がシェアリング車両となる可能性がある（**図5**）。当然、全てのユーザーが経済合理性に基づ

図5　シェアリング普及による乗用車保有台数の増減インパクト
　　　（対象国：日本、米国、英国、フランス、ドイツ、中国、インド、ASEAN）

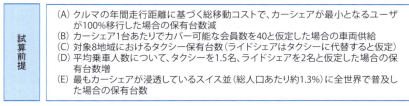
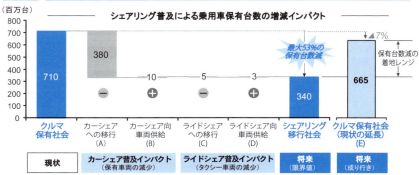

きシェアリングに移行することは現実には起こり得ないが、大きな普及ポテンシャルを秘めていることは明らかだろう。

既存自動車ビジネスへの破壊的インパクト

それでは、仮に総保有台数の53％がシェアリングに移行した場合、既存の自動車ビジネスにどのような影響があるのだろうか。結論から言うと、社会・ユーザー・企業それぞれの観点で、パラダイムシフトと言えるほどの影響があると考えられる（図6）。

まず、社会に対するインパクトでは、クルマは「単なる交通手段」から「社会課題の解決手段」へと変貌を遂げる可能性がある。1台あたりの稼働率が高いシェアリングに移行すれば、

図6　シェアリング社会における主な市場原理

		自動車保有社会	シェアリング普及社会
社会	自動車の位置づけ	単なる交通手段	社会課題解決手段（左記に加えて）
	解決し得る社会課題	大気汚染・交通渋滞・事故	資源廃棄・移動難民・温暖化
	自動車普及の推進主体	中央政府	地方自治体
ユーザー	顧客が求める提供価値	製品価値	経験価値
	企業・ブランドとの接点	一方通行×リアル	双方向×デジタル
	購入・利用形態	所有	共有＋利用（限界費用低）
企業	産業の主な収益源	モノづくり	コトづくり
	イノベーションの主体	自動車メーカー・部品メーカー	IT企業・サービス事業者
	イノベーションのあり方	技術×クローズド	事業×オープン

保有台数が減少することで使用資源の削減が可能だ。自動運転と組み合わせれば、過疎地に住む移動弱者の交通手段としても機能し得る。環境性能の良いEVや燃料電池車（FCV）と融合することにより、1台あたりの稼働率が高いシェアリングの方が効率良くCO_2削減に寄与することも明らかだ。

ユーザーへのインパクトも大きい。シェアリングの場合、当然クルマ単体（製品）で価値の良し悪しを測るのではなく、シェアリングサービスを利用する全プロセス（経験）をもって評価する。その結果、これまでの自動車メーカーやディーラーが店舗を構えてクルマを売るという「車両売り切り型（一方通行型）」のビジネスモデルは、Web上における顧客からの配車要望やSNSの書き込みを受けてクルマを提供するという「双方向型」へと進化していくだろう。

なおシェアリングの場合、クルマを買うこと（所有）を前提とするのではなく、クルマは共有し利用するものとしてサービスを提供する。これは、ユーザーが支払う限界費用が低減することを意味しており、ユーザー以外からの収益確保が一層重要となってくる。

企業にとってのインパクトとは、自動車産業の主な収益源は「モノづくり」から「コトづくり」へとシフトしていくことだろう。イノベーションの主体が自動車メーカーやサプライヤーから、徐々にGoogle社などのIT企業やUber社などのサービス事業者にシフトしていくからである。イノベーションのあり方も、自動車メーカーを頂点としたモノづくり企業による技術

革新から、IT企業やサービス事業者を中心としつつも地方自治体や大学・自動車メーカー・他の交通事業者との連携を通じた事業革新へと変容を遂げていくだろう。

　その結果、社会・ユーザー・企業が総じて共有型経済に移行することで「限界費用ゼロ社会」が到来し、既存の自動車産業バリューチェーンが破壊され、根本的に産業を捉えなおす必要が出てくる可能性があることを強調しておきたい。これまでは、製造業がモノをつくり顧客に販売し所有してもらうことを前提とする伝統的な20世紀型資本主義によって、経済成長・生活の豊かさを手に入れることを実現してきた。今後はモノづくり・販売・所有の前提が通用しない、共有が前提の経済システムに移行することで、より一層効率化された限界費用ゼロの世界に近づく可能性が高い。その場合、既存のビジネスモデルの延長戦上では太刀打ちできないだろう。

新興国発イノベーション普及の可能性

　クルマの保有率が依然低く、都市交通手段としてのタクシーが未発達な新興国において、シェアリングエコノミーは先進国とは異なる形で普及し得る可能性について述べたい。すなわち、共有型経済への移行により、従来の日系自動車メーカーが戦い方の前提としているモータリゼーション[※8]の過程が崩れ、

※8 モータリゼーション（motorization）とは、自動車が社会と大衆に広く普及し、生活必需品化する現象を指す

今までとは異なる戦い方が求められる可能性がある。

　前述の20世紀型資本主義におけるモータリゼーションとは、所得の増加に伴い二輪車保有から四輪車保有への移行を意味していた。さらに四輪車においては、エントリーセグメントの車両を1台目に、増車・代替でより大きな・高価なセグメントへ上級移行する流れが完成されていた。

　一般的に公共交通機関が発展していない新興国では、二輪車・四輪車の購入・保有は個人・家族単位でのモビリティー手段の獲得、つまり「移動の自由」を意味している。また、所得の面からも、クルマは誰しもが購入できるモノではないため、新興国においてクルマの保有は社会的ステータスを表現する手段も兼ねているのである。しかし、シェアリングエコノミーへの移行によって、この一連の流れが崩れる可能性がある。

　新興国におけるシェアリングが及ぼすインパクト、いわば日系自動車メーカーが最も恐れるべき事象は、シェアリングにより多くの人に「移動の自由」が提供されることで、移動の自由が「コモディティー」[9]となり、二輪車や四輪車を購入する必要性が無くなることである。

　ライドシェアを例に取ると、一般的に先進国におけるライドシェアは四輪車を想起させるが、新興国においては二輪車まで含めたモビリティーのライドシェアが普及し始めている。例えばタイでは2016年2月に、Uber社が二輪車のライドシェア

※9 コモディティーとは、商品・サービス自体に差別化する余地がなく、消費者にとってはどのブランドを購入しても大差がないため、低価格がブランド選定の決定要因となる状態を指す

「Uber Moto」を開始した。爆発的な普及を見せたUber Motoだったが、既存バイクタクシーサービス事業者から強い反発を受け、同年5月にタイ政府から停止命令を受けた。インドネシアでは、「Go-Jek」と呼ばれる二輪車ライドシェアサービスが普及しており、既に20万人以上のドライバーが登録するサービスプラットフォームとなっている。

　先進国とは異なるもう一つの側面として、必ずしも自動車メーカーや部品メーカーにとって保有台数の減少を引き起こす変化とは言えない点が挙げられる。その一つの要因として、「タクシー運転手の個人事業主化」が挙げられる。

　通常、タクシー会社は運転手から売り上げを集め、給与を支払う。しかしマレーシア系スタートアップ企業のGrabCar社[※10]に運転手として登録すると、20％のコミッションを除き、全ての売り上げが自分のものとなる。そのため、タクシー運転手の月間平均賃金を上回る収入を得ることができ、タクシー運転手の中でも新たにクルマを購入し、シェアリングサービスで生計を立てる者も出てきている[※11]。

　もう一つの要因としては、「配車サービスを生業としない個人の副業化」が挙げられる。すなわち、シェアリングサービスによる収入を当てにして、これまで手の届かなかったクルマを購入するケースが増加しており、一部の国ではエントリーセグ

※10 マレーシア・インドネシア・シンガポール・タイ・フィリピン・ベトナムなどASEAN諸国でタクシー配車サービスを展開
※11 デロイトによる有識者ヒアリング

メントの新車販売台数を押し上げる要因となっている[※12]。

最近のベトナム市場ではUberの利用者による新車購入が目立ち、新車販売を押し上げている。特に副業としてのUberでの収入を当てにして、本来購入する予定だったスクーターの代わりに、ローンを利用して新車を購入する例が出始めている[※13]。

こうした変化の背景には、シェアリングサービスに関する規制が比較的緩やかである点も否めない。しかしASEAN諸国においては社会的・規制的に、個人が様々な形で副収入を得ることが決して珍しくないことも要因のひとつだろう。

顕在化しつつある抵抗勢力

ここまで、シェアリングエコノミーが普及する要因やインパクトについて述べてきた。一方、共有型経済に移行することは正の側面ばかりではない。例えば、日本においてライドシェアが認可されていない最大の要因は、タクシー業界からの強い反発にある。ライドシェアに反対する主な根拠として、安全性の懸念を挙げている。これまで「白タク」[※14]を認可してこなかった理由と同じく、タクシー事業者としての許可を得ていない場合、運転手に高い技能があるとは認められず、責任意識がない運転手によって事故が誘発されてしまう恐れがあるという

※12 出所：Philstar記事（2015年8月23日）
※13 出所：Tuoi Tre記事（2015年11月18日）
※14 白タクとは、「道路運送法」において「一般乗用旅客自動車運送事業」として国土交通大臣の許可を受けて事業を行っていない無免許タクシーを指す

点が指摘されている。事実、2015年に福岡市でUberの実証実験が開始された直後、国から待ったがかかったと言われている。

Uberなどのライドシェアに対する反発は日本に限った話ではない。Uberのお膝元である米国はもちろん、英国・ブラジル・スペイン・インド・タイなど枚挙にいとまがない。もはや「ライドシェア事業者 vs タクシー産業」の構図は、世界のどの国でも見られる現象と言ってよいだろう（図7）。

その構図に対して火に油を注ぐがごとく、Uber社のカラニックCEOは過激な発言を繰り広げている。例えば2014年に米カリフォルニア州で開催された会議で、彼はこう発言している。「我々はこの政治運動を繰り広げている。候補者はUberであ

図7　Uber社の世界における係争状況（2015年6月時点）

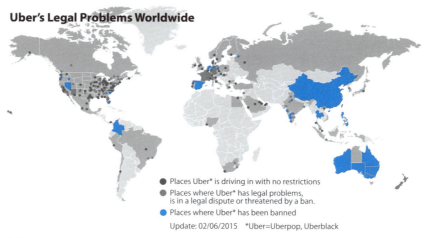

出所：Taxi Deutschland

り、対抗馬はタクシーという名の愚か者だ」──。この調子では、なかなか両者の溝は埋まりそうにない。

　しかし、このライドシェア vs タクシーの構図を打破し得るような象徴的な出来事が中国で発生した。Uber社は中国においてここ数年、中国配車サービス最大手のDidi Chuxing社と激しい消耗戦を繰り広げており、規制当局も過剰な営業活動による採算割れを懸念するほど共倒れのリスクが高まっていた。Uber社より配車サービス事業の参入が遅かったDidi Chuxing社の場合、配車されるクルマの多くはタクシー車両であり、さながらタクシー産業にとっての「ホワイトナイト」と言って良いだろう。

　そのDidi Chuxing社が、2016年7月に中国において配車サービス事業が合法化された直後、Uber社の中国部門を統合し、Uber社がDidi Chuxing社の株式を取得するとの発表がなされた。いよいよ、長かった戦いに終止符が打たれることとなった。

　この結末は業界にとって大きな意味を持つ。ライドシェア vs タクシーの対立構造を解消する一つの道筋を示したからである。中国政府としても、本音では交通渋滞の緩和や遊休資産の活用につながるライドシェアの普及については前向きだったと思われる。一方、タクシー産業が雇用において一定の受け皿機能を果たす中、あまりにドラスティックな規制緩和は進めづらい。もちろん、ライドシェア自体が規制対象とならず、ユーザーや社会のニーズに沿って普及することが最も市場原理に即している。しかし、タクシー産業がライドシェアを取り込む形

図8　共有型経済に対するステークホルダーの基本スタンス

でWin-Winの結果につなげることができるという事実は、ライドシェアのもう一つの普及のあり方を示していると言えよう（図8）。

シェアリングエコノミーが進展した未来の自動車産業

　最後に、シェアリングエコノミーが行き着く先についても言及しておきたい。前段で、駐車場、充電スタンドなどの車両以外のシェアリングサービスについて紹介したが、今後はクルマで移動する際に接点となり得るあらゆるチャネルが共有化・連携していくものと考えられる。例えば、独BMW社はクルマに

よる移動時にはDriveNow、駐車場手配にはParkNow、公共交通との連携も踏まえた移動アプリとしてmycityway、充電予約にはChargeNowと、顧客導線上の様々なタッチポイントでシェアリングサービスを展開している。このようにストレスなく素早く安価に移動できる環境を創りだすことで、顧客の導線を囲い込むことが可能となる。

　将来的には、キャンペーンを打って顧客を狙った通りに移動させることができれば、広告収入などの収益源にもつなげられるかもしれない。そこに自動運転技術が組み合わさることにより、新たなビッグチャンスが生まれる可能性は大きいだろう。このプラットフォームは、自動車メーカー各社が顧客をつなぎとめる上での生命線となり、今後、熾烈な差別化競争が繰り広げられることが予想される（図9）。

図9　総合シェアリング・サービス・プラットフォーム

ここまで、シェアリングサービスがどれほどの普及ポテンシャルと影響力、そして破壊力を持ち得るのかを考察してきた。今は規制が普及の妨げとなっている場合も多く、またタクシーなどの既存ビジネスを破壊する恐れから、根強い抵抗勢力も存在する。そのため、普及速度については不透明感が漂うのは事実である。

　しかし、シェアリング社会は確実に到来する。既存のプレーヤーは可及的速やかに対処法を整理し、他社に先駆けて打って出るほどの気概を持って取り組むことが必要なのかもしれない。その意味でも、トヨタ自動車がUber社といち早く提携したのは朗報だったと言える。今後の日系プレーヤーの動向に注目したい。

第4章 既存自動車産業への影響

第4章　既存自動車産業への影響

40兆円の付加価値シフトが起こる

モビリティー革命は、既存の自動車産業にどれだけのインパクトを与えるのだろうか？グローバル自動車産業全体の総付加価値額は2015年の約450兆円から2030年には約630兆円に上り、約180兆円の増加が見込まれる。一方、その内訳では完成車、金融・保険などの割合が低下し、テレマティクスやシェアリングなど「利用」の割合が高まる。2015年に約4兆円だった付加価値額からわずか15年間で、約40兆円の付加価値が流入することとなる。

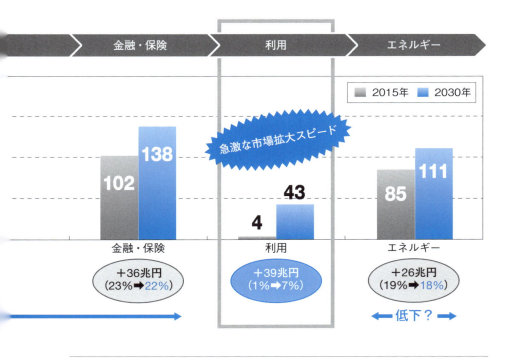

自動車産業は今、新モビリティーの時代へと進化しつつある。すなわち、「パワートレーンの多様化」(第1章)によってゼロエミッション(ZEV=Zero Emission Vehicle)となり、「クルマの知能化・IoT化」(第2章)や「シェアリングサービスの台頭」(第3章)が到来することによって、自律走行型のモビリティー(SAV= Shared Autonomous Vehicle)が今生まれようとしている。それにより、「クルマは環境に悪いもの、買うもの、駐車場に停めて乗りたい時には自分で運転して乗るもの」という既成概念が崩れ去ろうとしている(図1)。

新モビリティー社会の誕生

　実際に「ZEV×SAV(以降、"新モビリティー"と呼ぶ)」という新たな概念は、業界内で急激に浸透し始めている。例えば、日産自動車は2016年3月に「日産インテリジェント・モ

図1　変化のドライバーを受けたZEV化・SAV化の流れ

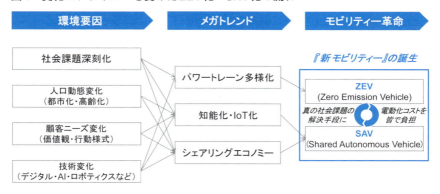

図2　新モビリティーが実現するモビリティー社会

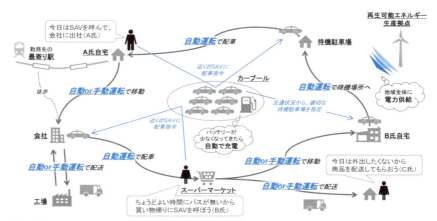

出所：『Development & Application of a Network-based Shared Automated Vehicle Model in Austin, Texas』Proceedings of TRB's Innovations in Travel Demand Modeling Conference (Baltimore, April 2014). Dan Fagnant, Kara M. Kockelman

ビリティー」として、クルマの電動化・知能化に向けたビジョンを発表した。米Ford社もほぼ同時期に、「Ford Smart Mobility」という子会社を設立し、モビリティー・自動運転車・顧客体験・アナリティクスなどの領域に本格的に取り組み、成長する輸送サービス市場の一翼を担う意欲を明らかにした。

これらの変化が行き着く先に、クルマが都市交通システムの要となり、ヒト・モノ・エネルギー・情報などの流れを司る（≒付加価値を生み出す）プラットフォームになる世界が訪れるだろう。すなわち、クルマはいわば「公共財」として生活の深い所に根差していく（図2）。

限界費用"ゼロ"の破壊力

　新モビリティー社会が現実のものになった場合、ユーザーにとって一体どのような影響があるのだろうか。もちろん、「いつでもどこでも、好きな時好きな場所へ、クリーン、かつ快適に移動できるようになる」という点が最大のメリットであるのは言うまでもない。しかし、このメリットが「タダ」で享受できる（限界費用がゼロになる）と言ったら、驚かれるだろう。その見立てが現実となる未来は、そう遠くはないかもしれない。

　経済学における限界費用とは、生産量を1単位増やしたときに増加する総費用のことだが、本章では製品・サービスを利用するためにユーザーが負担するコストを限界費用と定義する。

図3　限界費用"ゼロ"社会の到来

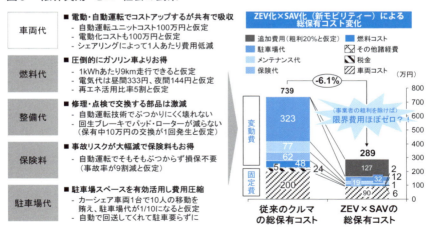

新モビリティー社会になると、電動化や自動運転によって確かに車両コストは大幅に上昇するものの、燃料代や整備代、保険料や駐車場代は圧倒的に安く済む可能性がある。もちろん、移動や配送という利便性を享受しており、クルマ自体のコストは発生しているため、料金が本当にゼロになるかどうかは不透明だ。しかし、車内で広告を見てもらったり、クルマが情報端末となって集めたデータをビジネス用途に展開したりすれば、限界費用をゼロにできる未来が訪れる可能性は否定できない（図3）。

社会課題解決手段としての新モビリティー

　新モビリティーは社会にとっても大きなインパクトを持ち得る。
　第1に、「地球温暖化問題」に対応できる。人為的な経済活動によって地球の気温は約1℃上昇してきたが、今と同じペースが今後も続けば2050年頃にはティッピングポイントを超え、不可逆的で深刻な地球温暖化に突入することになる。その回避に向けて、自動車産業はZEVを普及させなければならない。同時に、再生可能エネルギーの活用を推し進め、エネルギーの生成過程においてもCO_2排出量を限りなくゼロに近づけることが不可欠である。
　第2に、自動運転にライドシェアを組み合わせることで、「交通渋滞・事故」を減らすことができる。自動運転によって

道路交通の整流化が可能になる上、より正確な認知・判断・制御が可能になれば事故減少につながる。米バージニア工科大学交通研究所によれば、自動運転技術はまだ黎明期にあるとはいえ、人間が運転するクルマが100万マイル走る場合の事故発生数が4.2回であるのに対して、自動運転車は3.2回と事故率が低いことが報告されている。

第3に、ロボットタクシーにより「都市交通インフラの不足・脆弱性」に対応できる。これまで電車やバスで移動していた区間も、費用が下がれば新モビリティーに移行してくる可能性があり、公共交通システムとしての機能を担う必要性が見込まれる。特に新興国では、公共交通が未発達な場合に有効な対応策となっているBRT・LRT[※1]の代替手段にもなり得るだろう。

第4に、「高齢化・過疎化」に対するソリューションの可能性について触れたい。前述の通り、新モビリティーの限界費用がほぼゼロになれば、人口が少なくカーシェアリングではなかなか採算が合わない過疎地の住民にも移動手段を提供することが可能となる。高齢者の免許証返納がなかなか進まない状況下においても、自動運転でドライバーの運転スキルを格段に高めることが可能となり、安全性が飛躍的に向上する点も大きい。

第5に、「大量生産・消費による資源のムダ」を減らせる。人口増加と経済成長が今後も続くと予想される中、これまでと

※1 BRTとはBus Rapid Transitの略。バスを基盤とした大量輸送システムを指す。LRTはLight Rail Transitの略で、道路ないし専用軌道上を走る1両から数両編成列車の交通システムを指す

同じ発想では地球資源の枯渇を招くことは必至だ。これはある意味で、自動車産業の発展の功罪とも言える。すなわち、自動車産業はT型フォードの時代からクルマを大量に生産し、所有する利便性やステータスを感じて買ってもらい、ドライブの楽しみを訴求してガソリンを消費してもらうことを生業としてきた。その半面、想像を絶する量の資源を用いて地球資源を切り崩してきた張本人とも言える。自動車産業は改めて今、クルマの製造・利用過程に使用される資源を有効活用し、地球環境にやさしい存在となるべく転換を迫られている（**図4**）。

新モビリティーは単に環境にやさしく自動運転機能を持ったシェアリングカーにとどまらず、前述のような顧客ニーズや社会課題解決のニーズに呼応する形で新たな用途を開拓し得る。

図4　新モビリティーに期待される社会課題解決例

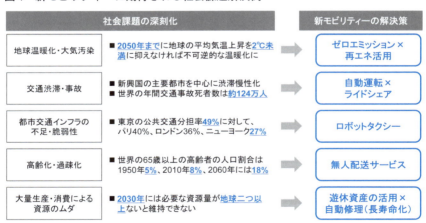

出所：World Health Organization（WHO）、国土交通省（2011）、国際連合（2012）、World Wide Fund for Nature（WWF）、内閣府、Global Material Flow database

例えば、タクシーの代わりに無人でヒトを移動させることを狙った「ロボットタクシー」がある。2015年にDeNAがロボット開発ベンチャーのZMPと提携したことは記憶に新しいだろう。

　「無人配送サービス」も有望な用途の一つだ。ライドシェア大手の米Uber社のカラニックCEOは、いずれ全ての車両を自動運転車に置き換えると公言している。2015年に香港で「Uber CARGO」という宅配サービスを始めたのは象徴的と言えよう。独Daimler社も、世界初の自動運転トラックを開発しデモ走行を成功させた。これらの取り組みの真の狙いとして、安全で効率的な無人配送サービスの展開を目論んでいることは想像に難くない。

　また、ゼロエミッション化が進めば、公共交通システムの一

図5　新モビリティーが切り開く新用途例

	従来車×保有	従来車×シェアリング	知能化・IoT化×シェアリング
PHEV,EV（ZEV化）	従来型のPHEV, EV	公共交通型EVカーシェアリング／事業所向けEVモビリティーソリューション	クリーンでスマートな『働くモビリティー』
（従来の）ガソリン車	従来型のガソリン車	従来型のカーシェア・ライドシェア	ロボットタクシー／無人配送車／街の監視サポート／パーソナルロボット（SAV化）

翼を担う形で普及もし得る。例えば、Daimler社は「Car2Go」という電気自動車（EV）を用いたカーシェアリングサービスを、欧州の主要都市中心に展開している。さらに、自動運転技術と組み合わせてより安全性が担保されれば、自宅や工場・空港・駅などの建物内にも侵入できるクリーンでスマートな移動手段が実現されるだろう（図5）。

産業バリューチェーンの破壊と創造

　ここまで、新モビリティーがもたらす変化を、クルマ・ユーザー・社会という三つの側面から見てきた。それでは、新モビリティーは既存の自動車産業にどのようなインパクトを与えるのだろうか。その影響について、バリューチェーン別に考察してみる（図6）。

　まず「素材・部品」と「完成車」について、電動化や自動運転によって製品・技術レベルの高付加価値化が進み、自動運転技術を搭載したロボットタクシーや無人配送サービスなどの用途が拡大することで、各用途に適した部品や車両へのカスタマイズ需要が拡大する。その一方で、シェアリングエコノミーによる遊休資産の活用の結果、保有台数は下落していくと予想される。

　「販売・サービス」レベルでは、シェアリングエコノミーによってクルマは所有するものから利用するものへと変化し、大きな販売台数の減少につながる可能性がある。また前述の通

り、電動化・自動運転によって整備代が削減されることも市場縮小につながり得る。唯一の望みは、バッテリーや車両の回収・整備・再販／再利用というリサイクル市場の拡大であろう。

「金融・保険」の場合は、自動運転によってクルマが壊れる、あるいは器物を壊すというリスクが激減する中で、損害保険に支払われるコストも減少する見込みだ。走行連動型の保険制度が本格的に運用されれば、ダブルパンチとなって市場縮小に寄与していく。

一方、「利用」や「エネルギー」はどうであろうか。クルマが新モビリティーとなって用途が多面的に広がり、市場は一気に拡大していくと予想される。唯一の縮小要因は、燃料がガソ

図6 新モビリティーがもたらす既存自動車産業へのインパクト

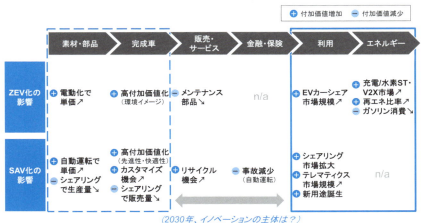

リンから単価の安い電気となってエネルギーコストが減少することだが、充電・充填インフラの普及や「V2X」市場の拡大によって補って余りあるだろう。

自動車業界へのインパクトを試算

　それでは、上述の既存の自動車産業に対するインパクトを具体的に試算してみる。まず、2015年のグローバル自動車産業の総付加価値額[※2]は約450兆円と推定される。そのうち、「素材・部品」および「完成車」が占める割合は全体の約53％に相当する約240兆円である。現在の自動車産業は自動車・部品メーカーを中心にして形成されていると言っても過言ではない。ちなみに、次に大きいのが「金融・保険」で約100兆円、「エネルギー」（主にガソリン小売）が約85兆円と続く。

　それでは、将来の付加価値額はどうなるだろうか。まず、主に新興国を中心とした経済成長により2030年の自動車産業の総付加価値額は約630兆円に上り、2015年からおよそ180兆円の増加が見込まれる。その内訳として、2030年までに「素材・部品」および「完成車」の付加価値は、前述の通りシェアリングで生産台数はやや減少するものの、電動化や自動運転による高付加価値化によって市場規模は伸長し、約320兆円に到達する可能性がある。

※2　付加価値とは、ある「モノ」が有している価値と、それを生み出す元となった「モノ」の価値との差。本稿では簡易的に「付加価値額＝売上高－売上原価」として計算した

一方、「販売・サービス」はシェアリングによる販売台数減の影響によって大幅に市場が縮小する恐れがある。「保険」は自動運転の普及によるマイナス影響はあるが、2030年時点の普及率はそれほど高くならないと考えられることから、市場自体は約150兆円にまで拡大するだろう。

　2030年までに最も大きな変化を遂げるのは、「利用」や「エネルギー」だろう。特に「利用」は主にテレマティクス市場やシェアリングサービス市場、そして自動運転によって切り開かれる新用途によって、2015年に約4兆円だった付加価値額に、2030年までのわずか15年間で約40兆円の付加価値が流入することになる。これはロシアの国家予算に匹敵する規模だ。年平均成長率に換算すれば、約17％という驚異的な市場拡大スピードと言える（図7）。

図7　バリューチェーン別の付加価値試算結果（2015年 vs 2030年）

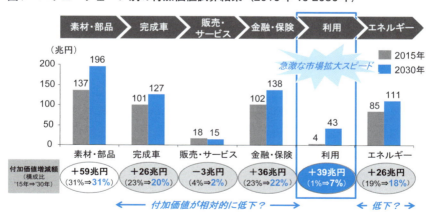

「利用」における市場規模の急激な拡大は、新モビリティーが生み出す新用途によって既存の周辺産業が侵食されてしまうことに起因している。例えば、小口配送・宅配スーパーなどの機能を新モビリティーが代替することで、物流や小売産業の既存ビジネスはじわじわと侵食されていくだろう。公共交通をみても、タクシーや短距離の電車・バスは新モビリティーに置き換わっていく可能性が大きい。

　エネルギー産業も、従来は電力会社やガス会社が供給してきたエネルギーの一部を、新モビリティー産業が自給自足で賄うかもしれない。広告ビジネスでも、新モビリティーによって「動く個室」が実現されれば、クルマによる移動の平均所要時

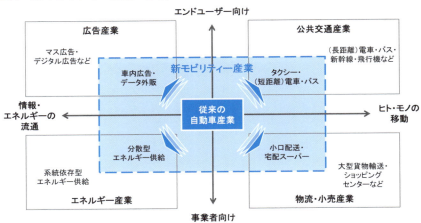

図8　新モビリティー産業の形成

※3 第5回東京都市圏パーソントリップ調査（東京都市圏交通計画協議会）

間を約30分[※3]と仮定すると、車内広告としての効果が十分に期待でき、既存の広告産業は対応を迫られるだろう（**図8**）。

　このようにバリューチェーン別の付加価値が川下にシフトすることが予想される中、これまでイノベーションの主体が自動車メーカーや部品メーカーであった時代は終焉を迎え、今後はIT・サービス事業者に移行していくだろう。

　もちろん、自動車メーカーや部品メーカーが覇権を失うと決まったわけではない。しかしZEV化・SAV化の恩恵は、用途を自ら切り開いて初めて生まれる新市場で与れるものであり、自動車メーカーはこれまで苦手としていたサービス展開を余儀なくされるはずだ。モノづくり企業としてのプライドを捨て、サービス業者としての新境地を切り開く気概が求められていると言っても差支えないだろう。

第5章 乗用車メーカーへの影響

第5章　乗用車メーカーへの影響
2030年に乗用車メーカーの利益は半減する？

乗用車メーカーへの影響	
セグメントミックスの変化（小型車の増加）	☑ 稼ぎ頭の量販車（ボリュームゾーン）から低収益な小型車へのシフト ☑ 単価下落による売上減少とそれに伴う収益減少
電動化車両の増加	☑ 内燃機関に比べて高価な部品・システムを使用する電動化車両の増加 ☑ 開発・製造コストの増加による収益減少（コスト増加を車販価格に転嫁しにくい想定）
自動運転車両の増加	☑ 高価格な部品・システムが必要な自動運転車両の増加によるコスト増 ☑ 開発・製造コストの増加による収益減少（コスト増加を車販価格に転嫁しにくい想定）
カーシェアリングの普及	☑ 所有から利用へのニーズシフトによるマイカー需要の減少 ☑ 需要低減による売上減少とそれに伴う収益減少

「パワートレーンの多様化」「クルマの知能化・IoT化」「シェアリングサービスの台頭」という三つのドライバーが進展すると、乗用車メーカーにとっては望ましくない「クルマが売れない、儲からない」時代に突入する。中堅・中小メーカーにとって非常に厳しいことは明白だが、大手メーカーでも全方位の対応ができるほどリソースに余裕はない。何らかの対策を講じない限り、持続的な成長がままならない時代が始まった。

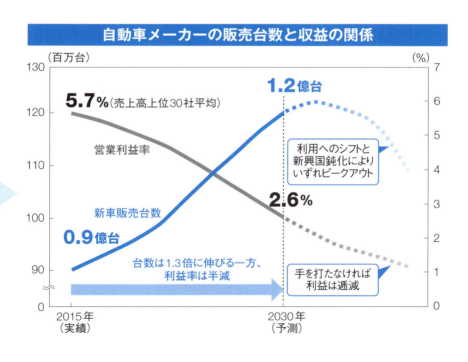

自動車メーカーの販売台数と収益の関係

三つのドライバーによる驚愕のインパクト

　前章までで、「パワートレーンの多様化」「クルマの知能化・IoT化」「シェアリングサービスの台頭」という三つのドライバーが引き起こす社会変化や産業構造変化を分析してきた。この章からは、それらの変化が自動車産業の各プレーヤーに与える影響について考察する。第5章ではまず、自動車産業の中心的存在である乗用車メーカーに焦点を当てる。今後のモビリティー社会の変化が乗用車メーカーに与える影響を定量的に分析するとともに、乗用車メーカーとしての戦略の方向性を掘り下げていきたい。

乗用車市場への影響とは？

　まず、上述の三つのドライバーをいったん脇に置き、非常に楽観的な見方をすると、主に新興国における人口と所得の増加に伴い、2030年のグローバル自動車販売台数は約1億8000万台になると言われている。2015年の約9000万台に対して15年間で倍増するわけだが、実際には新興国の新車購買率の平準化により、そこまでは増えないであろう。

　現在の新興国では、モータリゼーションの波に乗り中低所得者層が自身の所得水準に見合わない無理な購買をしていることは明らかである。こうした購買行動は、徐々に落ち着いてくるであろう。そのため、2030年の現実的なグローバル販売台数は、約1億3000万台にとどまるとデロイトは予測している。

また、台数よりも収益に影響がある要素として、セグメントミックスの変化を挙げたい。今後、地域を問わず、中価格帯（量販車）はシェアを失い、低価格帯（小型車）が着実にシェアを伸ばす。こうした低価格帯へのシフトは、仮に現在のセグメントミックスが一定のままだった場合と比較して、グローバルで売上高を約9％、営業利益を約7％減少させる。これは特に、量販車を収益源としてきた大手乗用車メーカーにとって大きな痛手となる。

パワートレーンの多様化が利益の半分を吹き飛ばす？

　次に、冒頭で触れた三つのドライバーが乗用車メーカーに与える影響を検証していきたい。

　デロイトが各国の燃費規制をベースに実施した予測では、年々厳しくなる燃費規制をクリアするため、2030年の時点でハイブリッド車（HEV）・プラグインハイブリッド車（PHEV）・電気自動車（EV）などの電動車両が新車販売の半数を占める。これは、これまで乗用車メーカーの差別化要素であった燃費技術が、もはや"当たり前"のものとなることを意味する。

　一方、乗用車メーカーにとっては、モーターやバッテリーなど、従来の内燃機関（ICEV）とは異なる部品・システムの開発・生産コストが重くのしかかる。しかし消費者は、既に当たり前となった電動車両に追加の費用を払おうとは思わないであろうから、乗用車メーカーがそれらのコストを車両価格に転嫁するのは非常に難しいだろう。

デロイトが現在のガソリン車と電動車両の台あたり収益率をベースに試算した結果では、電動車両が新車販売の半数を占めた場合、「乗用車メーカーの営業利益の約48％が吹き飛ぶ」と見込んでいる。特に規模の小さい、もしくは収益性の低い乗用車メーカーにとっては死活問題となるだろう。

知能化・IoT化による8%の自動運転車が利益を3%減らすジレンマ

　自動運転にはレーザーレーダー（LiDAR）などの高価なセンサー類に加え、高精度な三次元地図やコネクテッド技術なども必要となるため、電動化と同様に開発・生産コストを押し上げる要素が多い。

　デロイトは、2030年に「レベル2」の自動運転（半自動運転）が新車販売の約7％、「レベル3」以上の自動運転（完全自動運転）が約1.2％を占めると予測している。レベル2に関しては既に実用例が出つつあるが、今後の普及スピードについては、過去の先進安全領域のシステムや部品の普及率を参考に試算した。

　またレベル3以上については、技術的な問題以外に各国の法整備や社会・消費者の受容性など、普及速度に影響を与える因子がいくつもある。しかし、今回はそれらの障壁はクリアされているという前提の下で、2030年時点での自動運転に必要なコストを独自に試算し、さらにデロイトが実施した「自動運転に対する消費者の価格感度分析（自動運転機能に対して、いく

らまでの費用負担をする気があるか)」を参考に普及率を計算した。これらの結果、やはり乗用車メーカーが一定のコスト負担をせざるを得ず、自動運転車の普及率がわずか8%であるにもかかわらず、乗用車メーカーの営業利益は約3%減少するという予測になった。

シェアリングの急拡大がクルマ販売を1割減らす?

デロイトは、将来的に2台に1台のクルマがシェアされると予測しているが、仮にカーシェアリングだけが堅調に増加した場合でも、2030年のグローバル販売台数は約9%減少し、総販売台数は1億2000万台程度に落ち込むと試算している。

これらはカーシェアリングの進展とカーシェアリングに起因するクルマの所有離れの実績をベースに試算したものである。これに相乗り型のライドシェアリングやタクシー配車サービスなどの普及が加味されれば、販売台数はさらに減少するだろう。

このように、三つのドライバーが進展するほど、乗用車メーカーにとっては望ましくない「クルマが売れない、儲からない」時代に突入していく。こうした状況は、中堅・中小の乗用車メーカーにとって非常に厳しいことは明白である。たとえ大手乗用車メーカーであっても、全方位の対応ができるほどリソースに余裕があるはずもなく、何らかの対策を講じない限り持続的な成長はままならない時代に突入したのである(図1、図2)。

図1 2030年のグローバル自動車販売台数予測（要因別分析）

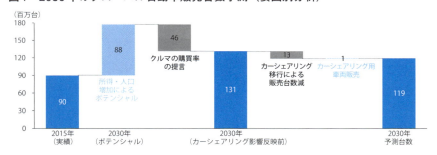

図2 乗用車メーカーに与えるインパクト

乗用車メーカーへの影響	
セグメントミックスの変化（小型車の増加）	✓ 稼ぎ頭の量販車（ボリュームゾーン）から低収益な小型車へのシフト ✓ 単価下落による売上減少とそれに伴う収益減少
電動化車両の増加	✓ 内燃機関に比べて高価な部品・システムを使用する電動化車両の増加 ✓ 開発・製造コストの増加による収益減少（コスト増加を車販価格に転嫁しにくい想定）
自動運転車両の増加	✓ 高価格な部品・システムが必要な自動運転車両の増加によるコスト増 ✓ 開発・製造コストの増加による収益減少（コスト増加を車販価格に転嫁しにくい想定）
カーシェアリングの普及	✓ 所有から利用へのニーズシフトによるマイカー需要の減少 ✓ 需要低減による売上減少とそれに伴う収益減少

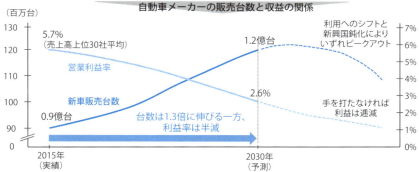

乗用車メーカーが生き残る道

　「クルマが売れない、儲からない」時代であっても、乗用車メーカーであれば、やはり既存の強みである「クルマづくり」でもうひと踏ん張りしたくなる。そのためには、勝ち残るための商品戦略が重要になる。その方向性は「超高付加価値化」、もしくは「超オペレーションエクセレンス化」に収斂されると考える。

① 超高付加価値化（ラグジュアリー特化）

　まず、「超高付加価値化」とは、プレミアム車・ラグジュアリー車への特化を意味する。目の肥えた消費者のニーズに応えるためには相応のコストがかかるが、ブランディングに成功すれば、それ以上の対価が得られるのがプレミアム車やラグジュアリー車である。また、プレミアム車・ラグジュアリー車だからこそ、自動運転やカスタマイズ対応など、消費者の"ワガママ"への対応力が差別化につながるはずだ。例えば、自動運転によってクルマがぶつからなくなれば、内外装の素材、クルマの形状、インテリアやHMI（Human Machine Interface）のあり方など、消費者に多様な選択肢を提供でき、その対応力が競争力の差につながる。

　ただし、この領域は顧客の範囲が限定される上に、独Daimler社やBMW社、Porsche社、伊Ferrari社などの欧州老舗ブランドと真っ向勝負しなければならない。したがって、ス

ケールメリットを武器に戦ってきた大手乗用車メーカーにとっては、ラグジュアリー特化戦略は非常に困難な選択肢となる。

②超オペレーションエクセレンス化

　これは電子機器業界に先例がある。自社の生産リソースの効率性を徹底的に高めると同時に、複数社からの製造受託によってスケールメリットを享受する台湾のFoxconn社のビジネスモデルは、自動車業界にも適用できるはずだ。

　また、自動車業界はこれまでも生産工程の自動化・省人化を進めてきたが、現在も人が介在する工程は数多く残っている。それが将来、IoTによってサプライチェーンがネットワーク化され、人口知能（AI）によって機械・設備の自律化が進めば、現在の雇用の多くは機械に置き換わるだろう。今後、こうした大胆なクルマづくりの変革に成功した企業は、コスト競争力を大幅に高め、他の乗用車メーカーからの製造受託によって成長することができるのではないだろうか。

　一方で、大きな疑問も残る。「自社製品の製造だけで手一杯の乗用車メーカーが、本当に他社からの製造受託にまで手を広げられるのか」、あるいは「自社の生産設備を持つ乗用車メーカーが、その設備（品質保証も含め）を外部に任せるという割り切りができるのか」という点である。

　これらのように、「クルマづくり」にこだわる選択肢もなくはないが、いずれの方向性も既存のリソースを抱える乗用車メーカーにとっては苦渋の決断となる。また、より根本的な問

題は、この議論自体がカーシェアリングや電動化のトレンドを変えるわけではなく、業界または自社の縮小均衡を加速させるリスクを秘めているということである。

残されたもう一つの選択肢
〜モビリティー・ソリューション・プロバイダー化〜

　では、乗用車メーカーはどのように成長戦略を描けばよいのか。単純に考えれば、クルマが売れない、儲からないのであれば、選択肢は三つしかない。「川上を取り込むか」「川下に拡張するか」「全く新しい領域を開拓するか」である。つまり、現業以外の収益源（付加価値）を内部に取り込むしかない。

　川上を取り込むということは、すなわち、素材や部品などのサプライヤー領域を内製化するということであり、再びケイレツ化を進める（しかも収益を取り込むには資本関係を強化する）ことになる。川下に拡張するとは、ディーラー網の直営化、あるいはより大胆に、乗用車メーカーが自ら直販するということを意味する。いずれも、川上・川下を支えてきた既存プレーヤーとの関係を抜本的に変えてしまうほどのインパクトがあり、壮絶な利害対立・調整が待っていることは想像に難くない。

　そこで、残された選択肢が、既存プレーヤーとの摩擦がない新領域の開拓である。しかし、ここにも課題はある。消費者の利用ニーズに応えるため、かつて、カーシェアリングに参入し

た企業がある。例えば、2008年にDaimler社が展開したカーシェアリングサービス「Car2Go」は2014年まで赤字であったし、カーシェアリング先進国スイスの「モビリティーカーシェアリング」は2013年の営業利益率が5.3％であり、乗用車メーカーよりも利益率が低い。今後ますます競争が激化していく中で、カーシェアリング事業で稼ぐことは容易ではないのである。

したがって、乗用車メーカーが選び得るもう一つの道は、カーシェアリングのような個別の隣接事業ではなく、「社会や顧客の課題・ニーズを総合的に解決する新たなビジネス」を構築することである。単に個々のニーズに基づくサービスを提供するだけではなく、クルマ・顧客・サプライチェーンなどのあらゆるデータを集約したプラットフォームを構築し、「モビリティー・ソリューション・プロバイダー」として価値を提供することが重要と考える（図3）。

図3 モビリティー・ソリューション・プロバイダーのイメージ

例えば、航空機や発電などの重工業の分野で米GE社は、「Industrial Internet」という構想の下で、「Predix」と呼ばれるデータ・プラットフォームを構築した。ポイントは二つある。一つ目は自社製品と顧客をダイレクトにつなぎ、新たなビジネスモデルを構築したことである。GE社は顧客に販売した機器に膨大なセンサーを内蔵し、それらをPredixとつなぐことで日々の運用データを解析している。そして、航空機エンジンの場合、異常の有無、効率的な燃料消費方法、最適な保守時期等の情報を顧客にタイムリーに提供することにより、アフターサービスのマネタイズに成功した。

　二つ目は、更に重要だが、GE社は独Siemens社や日立製作所などの競合機器も同じプラットフォームで利用できるようにPredixをオープン化し、非GEユーザーまで取り込もうとしていることである。まさに、産業機器のデータ全体を押さえる「GEデータ経済圏」を構築しようとしているのである。

　乗用車メーカーが収集できるデータは、独自のデータ経済圏を構築することができるだろうか。乗用車の各ECU（Engine Control Unit）から入手できるデータはGE社やGoogle社などの異業種が簡単には入手できない貴重なデータである。乗用車メーカーがそれらのデータを集約し、情報インフラとしてのデータ・プラットフォームを構築すれば、その土台の上に自動車販売（ハード提供）だけではない幅広いソリューションが提供可能になる。

　これは、個々のサービスをバラバラに展開することに比べれ

ば、より持続可能なマネタイズモデルとなるだろう。さらにGE社と同様、自社のデータ経済圏に他の乗用車メーカーを誘導し、自社陣営を形成することができれば、上記の個別サービスはよりプラスの効果を発揮する。したがって、いかに他社よりも早くデータ経済圏を構築するかが鍵となる。

　こうした動きは既に見え始めている。米Ford社は、「Smart Mobility Plan」と呼ばれる戦略を打ち出し、製品だけでなくモビリティーに関わる新サービスを提供する事業者への変革をビジョンとして掲げた。Daimler社やBMW社もカーシェアリングなどの自動車周辺サービスを提供するだけでなく、クルマから収集した情報を活用し、物流やスマートホームなどの事業展開を始めている。

モビリティー・ソリューション・プロバイダーが提供すべきサービス

　前節で「モビリティー・ソリューション・プロバイダー」を概念的に説明した。ここからは、具体的に乗用車メーカーはどのようなサービス・ソリューションを提供していくべきかを考察したい。乗用車メーカーがこれまで提供してきた「クルマ」という資産を最大限に活かすことを前提にすると、大きく三つのサービス体系があると考える（図4）。

図4 モビリティー・ソリューション・プロバイダーが提供すべきサービスの考え方

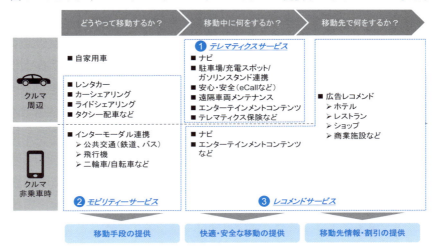

① テレマティクスサービス

　テレマティクスサービスとは、「移動中の快適・安全」を提供するものと定義する。ナビゲーション、eCall（車両緊急通報システム）などの安心・安全サービスや近年急速に拡大している駐車場・充電スポット・ガソリンスタンド連携など、まさに現在、乗用車メーカー各社が普及拡大を目指している領域である。インターネットが普及していく中で、まさに「クルマ」の付加価値を上げていくためには必要不可欠なサービスであると言えよう。

② モビリティーサービス

　二つ目が、カーシェアリングサービスを始めとした「モビリ

ティーサービス」である。従来のレンタカー、カーシェアリング、ライドシェアリング、中国やASEAN（東南アジア諸国連合）を中心に普及しているタクシー配車サービスなど、クルマを利用したサービスに加え、鉄道や航空機なども組み合わせたインターモーダル連携は、「スムーズな移動体験」の提供につながる。

　例えば、都心の自宅から地方都市に旅行する際、自宅からマイカーで最寄りの駅や空港まで向かい、駅または空港の駐車場に駐車した後、電車や飛行機に乗って目的地に向かう。到着後は現地で小型電気自動車（EV）のシェアリングサービスを利用する。こうした一連の移動をスムーズに行えるように、例えば一つのスマホアプリで、駐車場、公共交通機関、EVシェアリングの予約から決済までを一括でできてしまえば相当に便利なはずである。

　さらに、各人の移動嗜好を移動履歴から分析し、「スムーズかつ個人最適な移動手段」を提供する取り組みも始まっている。ドイツのシュツットガルトでは、メガサプライヤーの独Bosch社を中心として実証実験が行われている。日本でも、NAVITIMEやYahoo!が自社の地図サービスをベースに取組みを始めている。

　異業種との連携が不可欠なサービスではあるが、だからこそ、乗用車メーカーが率先してオープンなプラットフォームを構築し、そのプラットフォーム上で「スムーズな移動」を実現することができれば、大きなビジネスチャンスになるはずである。

③ レコメンドサービス

最後がAIの進展ともに普及が見込まれる「レコメンドサービス」である。単なる目的地の情報提供にとどまらず、ユーザーの嗜好をくみ取った周辺地域情報の提供や目的地との提携による特典割引など、移動中・移動先での「ユニークな移動」を体験してもらう。

例えばマイカーで家族旅行をしているとする。ドライブ中にその家族の嗜好を踏まえた飲食店や娯楽施設などをレコメンドし、かつワンタッチで予約、さらにはレコメンド先のお得な割引まで提供するといった流れである。

レコメンドの最大の敵はGoogleか？

モビリティー・ソリューション・プロバイダーになるために必要不可欠な要素がある。それは「データ」と「AI」だ。

単に各種サービスを取り揃えても、それだけでは消費者が満足しない時代が既に訪れている。世界最大のeコマース事業者である米Amazon社は、単に欲しい商品を検索できるだけでなく、自身と同じ商品を購入した他者が、他にどのような商品を購入しているかを瞬時に(かつ定期的に)提示するなど、商品をレコメンドする機能を実装している。今後は「適切なタイミング」で、「個々人が望む選択肢」をレコメンドしていくことが求められるのだ。

そのためには、クルマでの移動中に留まらないあらゆる

「データ」を収集し、「個人の嗜好性を読み解く／予測する」技術が必要になる。だからこそ、モビリティー・ソリューション・プロバイダーには、「データ×AI」という要素が必須であり、そう考えると、Google社こそが乗用車メーカーにとっての最大の脅威となる。

　Google社は話題となっている自動運転技術だけではなく、むしろソフトの領域にこそ強みがある。既にテレマティクスサービスの領域には、スマホ連携機能を中心とする「Android Auto」で参入済みである。また、モビリティーサービスの領域では、「Google Map」を通じて、公共交通機関の経路／料金検索に加えて、タクシーや米Uber社などのライドシェアリング車両を呼び出すことが可能になっている。

　加えて、2012年の米ITA Software社買収を通じて、航空券情報サービスに参入した。現在試験運用中である「Google Trip」と呼ばれる新サービスでは、旅行先への行き方検索に加え、そのままチケット予約が可能、かつ旅行先のおすすめスポットのレコメンド・予約まで提供している。

　2016年にGoogle社は、新しいAI技術「Google Assistant」を活用したメッセージ対話スマホアプリ「Allo」を発表した。Alloは、家族や友人との対話の中から、例えば「明後日２人でイタリアンレストランに行きたいね」という会話を読み取る。すると、米国最大手のクーポンプロバイダーであるOpenTable社（Google社と提携）が、空いているレストランをレコメンドし、さらには予約からクーポン提供までを一括して行ってく

れるのである。

このようにGoogle社は、従来の強みであるサービス機能の強化を図る一方、周知の自動運転車開発も実現に向けて着実に研究開発を進めており、非モビリティーからモビリティーへの切れ目ないサービス提供を虎視眈々と狙っているのである。

マネタイズへの挑戦

このように乗用車メーカーは従来の同業同士の競争に加え、Google社のようなIT巨人とも戦っていかなければならないが、もう一つ大きな課題はモビリティー・ソリューション・プロバイダーとしてのマネタイズの難しさである（**図5**）。

図5　現在の乗用車メーカーとモビリティー・ソリューション・プロバイダーのマネタイズの違い

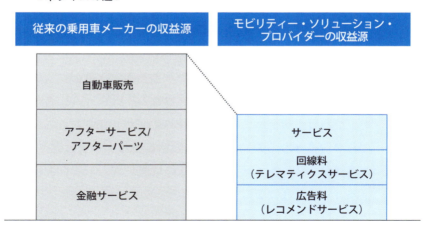

現在、乗用車メーカー（含む直営ディーラー）の主な収益源は、「自動車販売」「アフターパーツ／アフターサービス」「リースやローンなどの金融サービス」である。特に、売上高の観点では新車販売の寄与度は圧倒的に高い。一方、モビリティー・ソリューション・プロバイダーの収益源は、「モビリティーサービスなどのサービス収益」「テレマティクスサービスを通じて発生する回線料収入」「レコメンドサービスを通じた広告料収入」の三つに大別される。

　1台で数百万円もするクルマと比較すると、「サービス収益」は利益率が高い一方で、個々の単価は非常に低く、先述の通り各社ともマネタイズに苦労している。現在の通信事業者やGoogle社などのIT大手は、膨大な顧客基盤を持っているからこそビジネスとして成り立っているのであり、Googleのユーザー数（Gmail、Android OSなど）は全世界で10億人を超える。

　一方、自動車の保有台数は乗用・商用を合わせて全世界で約12億台と言われるが、乗用車メーカー1社のシェアは最大手でも10％程度のため、1社あたりの保有台数は1億台、言い換えれば顧客基盤は1億人ということになる。ユーザーが各種サービスを利用するためには、クルマがツナガル状態になっていることが前提となるため、クルマの買替サイクルを考慮すれば、顧客基盤1億人をフル活用できるのは数年後、下手をすれば10年後ということになる。

　もう一つ考えなければならないことは「サービス料を誰から

徴収するか」である。テレマティクスサービスやモビリティーサービスであれば、ユーザーである消費者に直接課金することも可能だろう。しかし、レコメンドサービスについては、むしろ移動先の施設から広告料として回収する方が良いかもしれない。

　おそらく、自動運転社会の実現を目指しているGoogle社は、サービス利用による消費者負担を極力最小化し、誰もが利用しやすい環境を整える一方、既存の基盤事業である広告ビジネスをさらに強化するため、企業からの広告料によってサービスコストを賄うビジネスモデルを考えているはずである。

次世代型ビジネスモデルへの移行シナリオ

　それでは、乗用車メーカーは、いかにして次世代のビジネスモデルである「モビリティー・ソリューション・プロバイダー」へ移行していくべきか。将来、自動車販売だけでは稼げない時代が訪れる中で、サービスへのチャレンジは避けられないが、「現実的な戦略」を描くことが重要である。ここでキーワードになるのは、「ハード×ソフトのバランス」と「地域軸の販売サイクル」だ。

　まず、「ハードとソフトのバランス」だが、もともとクルマ（ハード）販売で稼いできた乗用車メーカーが、一足飛びにソフト・サービス会社に転身することは現実的ではない。将来への布石として、先述の三つのサービス提供やAIなどの先端技

術の強化を継続する一方、少なくとも自動車販売の継続的な成長が見込まれる2030年ごろまでは、「ハード（クルマ）のさらなる売上増加を図るためのソフト（サービスや売り方）との連携のあり方」を模索していくのが現実的な解だと考える。

先述のFord社やDaimler社、BMW社の取り組みに加えて、米GM社やトヨタ自動車、独VW社による米Lyft社、Uber社、イスラエルGett社への出資は、まさにその兆候であろう。乗用車メーカーがモビリティーサービス事業者と連携する意義は、単なる「サービス収益」を見込んでいるだけではない。自車の利用やサービス体験を通じてユーザーの自車ファン化を図りつつ、モビリティーサービス向けに車販を拡大することも狙いのはずだ（図6）。

「サービスユーザーの自社ファン化」は、GM社の取組みが参考となる。GM社はLyft社への出資だけでなく、自らもモビ

図6　乗用車メーカーがモビリティーサービスに取り組む意義とビジネススキームのイメージ

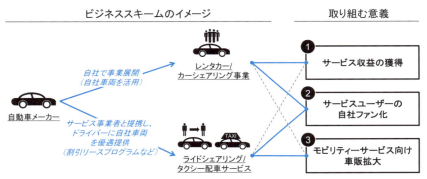

リティー・サービス・ブランドとして「Maven」を立ち上げ、カーシェアリングサービスを提供している。このカーシェアリングサービスで使用されるGM車にはテレマティクスサービス「OnStar」が搭載され、ユーザーはGMのサービスを体験することができる。カーシェアリングで体験した車両・サービスの満足度が高ければ、マイカー購入時にGM社のクルマを選択する動機につながるはずだ。

「モビリティーサービス向け車販拡大」についても既に動きが出つつある。Uber社などのライドシェアリングの登録ユーザーに対して、優遇条件で自社のクルマを販売し、ライドシェアリングの収益から回収する新たなビジネスモデルである。乗用車メーカー各社は、ライドシェアリングサービスの拡大に乗じて、自車の拡販を図ろうとしている。

地域を軸に好循環サイクルを作れ

次に、「地域軸の販売サイクル」だが、今後、自動運転が普及するにつれ、自動運転×シェアリングのSAV（Shared Autonomous Vehicle）はユーザーのクルマ所有離れを加速させるだろう。一方でクルマの稼働率は確実に上昇していくため、買替サイクルは急速に縮まることになる。ここに、「リース販売」によってモビリティーサービス事業者にクルマを提供していけば、定期的な自動車供給サイクルを確立することができ、安定的な収益獲得に繋がるはずだ。

加えて、地域を軸とした「好循環サイクル」を作り出すことで、乗用車メーカーならではの戦略実行が可能になる。2030年に向けては、新興国では従来型のマイカー需要も着実に伸びる。ここに「リース販売」で先進国に販売していた車両を回収し、「新しい価値観を備えた中古車」として新興国に打ち込んでいくのである。もちろん、地域ごとにリースアップ車両のバリューチェーンは異なるため、現地企業や商社などとの連携を活かしていくことが必要不可欠になってくる（図7）。

　完全自動運転車は、地域ごとに技術要件や規格が異なり先進国のクルマが新興国では機能しない可能性もあるが、交通事故が多発している新興国ではADAS（Advanced Driving Assistant System）／部分自動運転への潜在的ニーズは非常に高いはずで

図7　リースアップ中古車を活用した販売サイクルのイメージ図

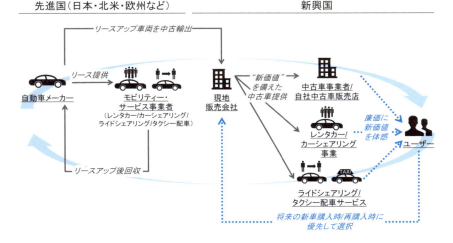

ある。加えて、先進国以上に大気汚染が深刻な新興国では電動車両などの新たなパワートレーンの搭載車の流入は、国にとっても大きなメリットである。

　特に日本の乗用車メーカーにとって、中古車を通じて先進的な価値を新興国のユーザーに体験してもらうことは、安心・安全というイメージに付加される新たな魅力となり、新車販売への相乗効果も見込むことが可能だ。乗用車メーカー各社がこれまで築きあげてきた新興国でのネットワークを最大限に活用するこの戦略は、Google社などのIT巨人には真似できない乗用車メーカー特有のものである。

　自動車業界は既に、ハードだけで勝負する時代からソフトで勝負する時代へと突入した。「人々に自由な移動を提供したい」という想いからこれまで成長してきた自動車メーカーが、改めて自らの存在意義を問い直し、新たなビジネスを興す必要性に迫られている。乗用車メーカーは従来のクルマづくりを大切にしながらも、未来の新しい世界を見据えて、「社会課題や人々の真のニーズを解決する」ビジネスモデルの構築に、今こそ取り組むべきではないだろうか。

第6章 商用車メーカーへの影響

第6章　商用車メーカーへの影響

トラック"ゼロ"時代の到来が意味するもの

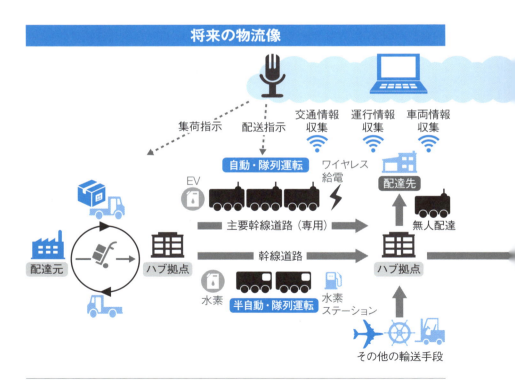

将来の物流業界は、モビリティー革命の三つのドライバーに加えて、業界特有の「高稼働の保証」「輸送手段の多様化」といった多くの要素に影響を受ける。例えばeコマースの進展のよる小口輸送ニーズの伸び、小型トラック・商用バンの需要拡大は、商用車メーカーにとって喜ばしい状況である。一方、「ドローン」のような小口輸送の一部を担う新しい物流手段が登場し、商用車の需要を脅かす状況が生まれている。

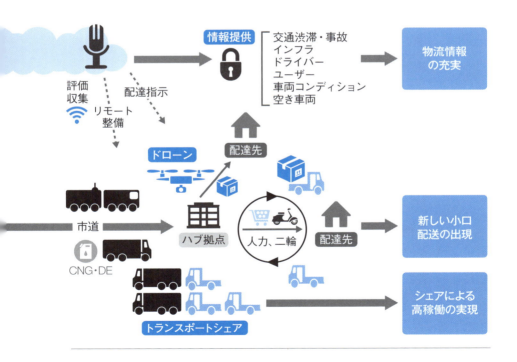

「はたらく」クルマの世界

　まず、改めて商用車の定義から始める。トラックやバスを指す商用車のビジネスモデルは、一般消費者がユーザーとなる乗用車とは異なり、主に事業者がユーザーとなる「BtoB」のモデルである。また自動車業界に分類されながらも、ダンプカーやミキサー車などのように建設機械・農業機械との類似性も高く、両方の特性を持つハイブリッド型の「はたらくクルマ」と位置付けられる。

　BtoB特性の「多種多様なユーザー属性・プレーヤー」「コストセンシティブ」「高稼働要求」に加えて、以下の特徴も兼ね備えている。

・社会インフラ構築を支える公共性の高さ
　−建物（空港・港）や道路を造る
　⇒国や地域の創世に寄与（創成期）
　−モノやヒトを流す
　⇒国や地域の発展に寄与（発展期、成熟期）
・地球・社会環境との親和性の強さ

　建機・農機業界との類似性の側面から見れば昨今、自動車業界を賑わしている「自動運転」も、その分野で先行している技術要件は違えども、「労働の機械化」「効率化（隊列や夜間稼働等）」「安全化」など、当然の流れである。

一方、自動車業界の側面から見ると「自動運転」の影響は、乗用車のようにライフスタイルの変化だけにとどまらず、積載空間の拡大に伴う車両開発の前提変化[※1]、運転責任の所在論争（運転手＝所有者という単純な図式の乗用とは異なり、運転手や製造者に加え、雇用者や荷主なども関与するため）の加速、運転手不足の解消、免許制度・規制の再構築など、現状と全く異なる様相を呈すことになる。

　デロイトは、こうした商用車周辺産業の市場規模は2030年に7.0兆米ドル、2050年に12.6兆米ドルに達すると推計している（図1）。これは、現在の商用車のビジネスモデルを前提に算出しており、後述するモビリティー革命により生じる経済、規制、技術などの変化やドライバーによりその定義や内訳は変わるであろう。しかし、社会インフラや地球環境と関係の深い商用車の重要性は変わることはない。

　それでは、将来の商用車周辺産業の覇権を獲得するために何が必要になるのだろうか。それは、社会トレンドを正しく捉え、顧客を真に理解し、商用車ビジネスを社会課題の解決・創成事業として再定義し、次の一手を打つことに他ならない。では一体、将来起こり得る（もしくは既に起こりつつある）商用車ビジネスに影響を与える要因は、どのようなものなのだろうか。

※1 全長規制のある地域での車両開発は、運転空間と積載空間のバランスというジレンマとの戦いだったと言っても過言ではない。運転空間の要件変化により、従来の開発前提・制約が変容する意味合いは大きい。

商用車業界のトレンド　今そこにある「危」「機」

　前述の通り、商用車は社会インフラ構築を支えるものであり、国や地域の変遷とともに、もしくはその前に変化していく特性を持つ。そのため渋滞や交通事故、大気汚染、水不足、人口問題の深刻化など、先進国か途上国かを問わず共通の社会課題に対する感度は他の業界以上に高くあるべきだろう。

　このような前提の下で、将来の商用車業界に影響のある社会

図1　商用車周辺業界のマーケット規模

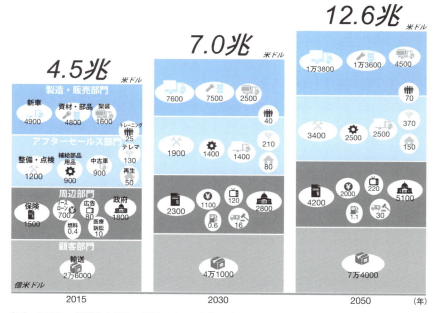

出所：OECD、各種政府統計、業界レポートを基にデロイトが作成

図2　商用車業界に関連する社会トレンド
近年、商用車を取り巻く環境が大きく変化し始めている。

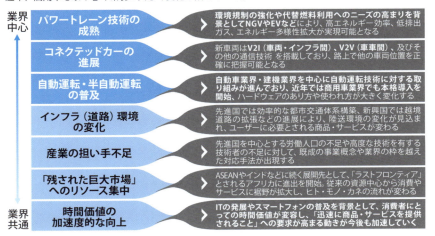

トレンドを予測・把握することは、極めて重要であり、一部既に起こり始めている変化にも迅速に対応することが、勝ち残りの必須要件になる（**図2**）。

　以降、このトレンドを紐解くために、これらに影響を及ぼす商用車業界を支える「需要と供給の動き」に焦点をあてる（**図3**）。まず最初に、需要側のメインプレーヤーである物流業界へのインパクトに目を向けてみたい。

　将来の物流は、モビリティー革命の変化要因として述べてきた「パワートレーンの多様化」「クルマの知能化・IoT化」「シェアリングサービスの台頭」に加え、商用車ならではの「高稼働保証」「輸送手段多様化」といった多く要素の影響を受ける。これらは遠い未来の話ではなく、既に起きている現実で

もある（**図4**）。

　例えばeコマースの進展は、先進国でも新興国でも見られる現象であり、これによる小口輸送ニーズの伸び、小型トラック・商用バンの需要拡大は、トラックメーカーにとっては喜ばしい状況である。一方で、渋滞や騒音、大気汚染などの商用車の課題を回避する「ドローン」のような小口輸送の一部を担う新しい手段が登場し、このトラック需要を脅かす状況が生まれている。

　さらに、これらの世界に突入するのに備えて、解決すべき課題がいくつも残っている（**図5**）。例えば越境物流の進展においては、免許制度や道路料金、スピード規制に始まり、右ハンドル／左ハンドル、GVW（車両総重量）、側方灯の位置まで、「政策と法規制」また「業界間の連携」として協議すべき項目

図3　今後のトレンドを左右する商用車業界からの動き

図4　将来の物流像

技術的には、集荷から配送までの移動の無人化・自動化が可能 ⇒ 現実的には、棲み分けによる進展。

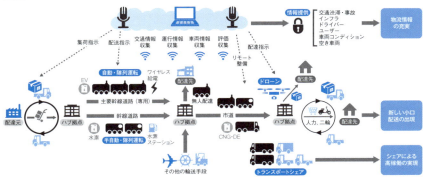

図5　影響度を決定する要因

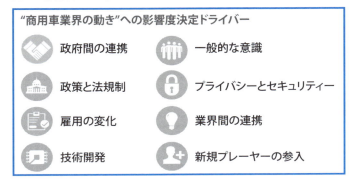

がある。また、ドライバーへの"いじめ"問題（ドライバーの出身国による差別が発生し、輸送の担い手がいないという現象）の解消のように、定性的で実際に現場にいなければ把握し得ない課題も多い。

このように機会と脅威の共存、つまり拡大する輸送需要を取り込むために、各プレーヤーが今を把握し、先を見通し、次の一手を早急に打たなければならないのが、物流業界を取り巻く現実の世界である。

一方で供給側には、さらに強烈な世界が待ち受けている。それは、トラック"ゼロ"時代への突入である。

トラック"ゼロ"時代の到来

三つのドライバーの一つであるシェアリングエコノミー、つまり所有から利用へのシフトは、BtoBモデルではリースという形で短期的な利用ニーズの一部を満たしてきた。その意味では、それほどの目新しさや違和感はないかもしれない。しかし、今後起こる商用車業界の「シェア」における"利用"は、それだけにはとどまらない。

商用車版シェアリングの進展で究極的には新車０台

商用車版カーシェアリングである「トランスポートシェア」とは、車両や輸送、ユーザーの各データを一元的に収集・管理・分析し、クルマ（輸送車）の空き、荷台の空き、時間・ヒト（運転者）の空きをなくし、高稼働を実現する概念（デロイト 2014年）である。そのポイントは、データの一元化と高度の自動化にある。

これまでも、荷主と運送者のマッチングサービスなどは存在

したが、「当初想定する期待に達しているか」と言えば否である。その原因には、限定的な情報（マッチングサービス自体が細分化されており、そこに流れる情報量が少ない）と、マッチング精度の低さ（マッチングのための情報数が不足し、ミスマッチを起こす、もしくは扱う情報量が膨大で入力の手間がかかる）がある。

これらのサービスを共有もしくは統合させることにより、集められた情報は仮想的に一元化されたデータベースに格納される。必要な情報はリアルタイムで吸い上げ、また過去データの蓄積により、定性的な情報や傾向、相性なども考慮したマッチング配車が実行される。ドライバーや車両の位置やパフォーマンス、道路状態や渋滞状況、他輸送手段（船・飛行機・ドローンなど）の稼働状況も合わせて高精度にスケジューリングされるため、一切の無駄が省かれる。

こうしたトランスポートシェアの進展により"極度"の効率化が進み、稼働していない車両が激減し、余剰車両はなくなるため、新車販売は頭打ち（究極的には0台）になる。一見、この状況はメーカーには厳しい時代の到来に思える。しかし別の側面を見ると、全体の保有台数は一定規模を保つ一方、高稼働が必要条件になるため、アフターサービス・保険領域のニーズがより高まる時代の到来ともいえる。

メーカー目線で提供するラインナップは0台

新興国を頻繁に訪れる人であれば、少なくとも一度は、荷物

を運ぶ荷台に簡易的な座席を設置し、バスとして人を運んでいる光景（例えばタイで普及する「ソンテウ」）を目にしたことがあるだろう。座席や屋根などもなく、荷物と一緒に人を運ぶような形態が主流な地域もある。一方、日本をはじめとする先進国でも、若年層の減少、人口の一極集中などの問題から派生する過疎化に対して、路線バスの座席スペースを貨物スペースに改装し、物流会社と連携して集配に活用するような、先の例と逆パターン（例：岩手県北自動車とヤマト運輸により2015年に開始した「ヒトものバス」）なども登場している。

　ともに、メーカーの想定とは異なる使われ方ではあるが、結局のところ、「はたらくクルマ」は使われて初めて価値があり、使い手が使い方を考えるのである。極論すれば、メーカー目線の提供ラインナップはなくてよい世界、"ゼロ"の世界になっていく。

他の手段との垣根がなくなりトラック・バスは0台

　モビリティー革命により新モビリティーが形成されると、モーダルシフトの発展形として「時間価値の加速度的向上」に対応した多様化した輸送手段が登場する。そこには、自動・隊列・低騒音などの既存の輸送手段の発展や、既存の移動手段の輸送への応用という姿が見て取れる。

　例えばトラックの荷台に複数のドローンを積載し、ハブ拠点からドローンによって荷物を運ぶことにより「ラスト・ワン・マイル」を埋めるような試みが既に実施されている。さらに自

動運転カプセルがチューブの中の真空を磁石の力で引き寄せられて高速で移動する「ハイパーループ」のような、全く新しい輸送手段も次々に生み出されるように、現在のトラック／バスはその他の輸送手段との連携や統合を余儀なくされ、その間の垣根はなくなる。その結果、現在定義されている"商用車"は、将来的には0台になるのである。

テクノロジーの進展によりバリエーションは0

　事業者である商用車ユーザーの要求は千差万別であり、乗用車と比較して圧倒的にバリエーションが多い。出力（馬力）などのスペックはもちろん、キャブや架装などのパターンは数億に達し、全てに対応するのは不可能とされてきた。しかし今後は、例えば輸送ニーズに対して自動・隊列運転が実現すれば、現在の積載性（量と質）のバリエーションは、例外を除き、連結台数を増やすことで対応可能になる。

　また、先進国ではセグメントが収斂する傾向が実際に出ており、これは供給側の「車台（プラットフォーム）共通化による効率化のさらなる推進」、需要側の「規制・ルール強化に伴う（ユーザーの）デメリットの敬遠」とも無関係ではない。

　こうした状況をチャンスと捉える方向に発想を転換すると、今後の業界に求められるのは「パワートレーンやキャブ、架装などは、使用する度に選択できるような標準のトランスフォームプラットフォームを提供する」ことになろう。映画「トランスフォーマー」のように、用途に合わせた形態の自由な変形が

ボタン一つで可能になれば、生産するプラットフォームは常に1種類で事足りる。

そこまで行かなくても、トランスフォームのオプションは3Dプリンターや新素材の活用により、ユーザーがその都度、安価で短納期で設定可能になる。そのため、プラットフォーム提供者であるメーカーは、バリエーションに対応する必要はなくなる（0になる）のである。

実際に、2016年7月に独Daimler社は、トラック向け補給部品の3Dプリンターによる生産開始を発表した。純正の樹脂カバー、スプリングキャップ、ケーブルダクトなど30点からスタートし、将来は約10万点の補給部品への拡大を計画している。店頭での在庫削減や素材使用量の低減を見込むだけでなく、今後はさらに活用範囲や時期を発展させ、量産部品への適用拡大、さらにはユーザー自身が自由に設定（製造）することを想定している。

また、米Ford社は新型ピックアップトラック「F-150」にアルミニウム合金を採用し、300kg以上もの軽量化を実現した。この軽量化は、乗用ユースにも近いピックアップトラックには燃費観点での訴求にしかならない（逆に、力強さという観点でマイナスに働く可能性もある）が、トラックやバスにとっては積載量の拡大につながり、インパクトが乗用車と比較にならない大きさである。3Dプリンターなどの製造方法の多様化との親和性（成型しやすい素材）や軽量化、低コスト化と合わせて、変革のドライバーになる。

図6 トラック"ゼロ"時代の備えの方向性
今・明日・未来の三段階構成で将来へ備えることが必要になる。

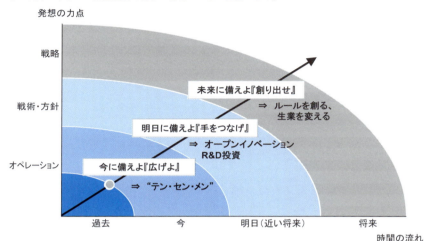

　このように、トラック"ゼロ"時代には様々な意味合いがある。次に、これらへの対応の方向性を示したい。

勝ち残りの条件：トラック"ゼロ"の本質を捉える

　前述のとおり、究極的に非稼働車両・余剰車両0台の時代は、新車販売が頭打ちになることから、アフターサービスで"稼がざるを得ない"モデルとなる。それでは、供給側にとって現在アフターサービスは、どのような位置付けなのであろうか。

今に備えよ：広げよ
カギはテン・セン・メン

　商用車事業の利益率を見ると、スマイルカーブの進行が顕著に表れる（図7）。商用車事業は構造的にアフターサービスの利益率が高く、特に欧米自動車メーカーは15～20％の営業利益率を維持している。一方、アフターサービスの収益貢献（全体収益に占める各事業割合）ではグローバルで50％、先進国で70％、新興国で20％とデロイトは分析しており、新興国は拡大の余地がある。つまり"将来"の前に、"今"もできていないことが現実である。例えば、非常にシンプルな即効性のある打ち手の一つは、「先進国での新車販売から新興国でのアフターサービスにリソースを割く」ことである。

図7　商用車業界におけるスマイルカーブの進展
勝ち残りに向けて、利益率の高いアフターサービス領域の強化が不可欠である。

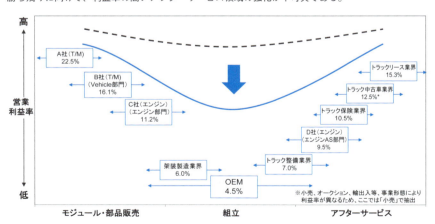

アフターサービスは、補給部品、整備・点検、中古車に大きく分けられる。例えば米Paccar社は補給部品事業として、自社ユーザー向けの２種類、他社ユーザー向け（TRP＝Truck Related Products）の１種類の合計３種類を提供している。前者で高収益を、後者で他社ユーザーの取り込みを狙った戦略を取る。デロイトの分析では、TRPは収支均衡か若干の赤字（2012年時点）である。

　それにも関わらず業界関係者からは、「うまくいっているディーラーは、TRPを触媒に新車販売とパーツ・サービスの適切なバランスをとっている」（米Kenworth社セールス担当副マネージャー）、「TRPプログラムには在庫保有に多大な投資が必要だが、新ビジネスへのドアを切り開く上で大成功だった」（米MTC Kenworth社 社長）といった声が聞かれる。

　こうした事例は、高収益の純正部品と薄利多売の非純正部品を組み合わせ、新車販売の拡大も狙った「合わせ技」の戦略として参考にできることが多い。しかし、カニバリゼーションを引き起こす可能もあるため、安易に真似できない取り組みでもある。

　「コンセプトは分かるが、一歩を踏み出す勇気がない」という我々がインタビューした大手商用車メーカーの経営陣の言葉がそれを物語っている。そのような中で印Mahindra & Mahindra社などの新興国の自動車メーカーも、同様の戦略を取り始めている。

　また、Daimler社をはじめとする大手自動車メーカーは、高

収益が望める整備・点検事業において、拠点の24時間化や他社ユーザー向け整備などの強化策を国・地域をまたいで行っている。こちらも利益確保を目的にした自社ユーザーへの整備提供を基軸としながらも、新車提案や部品販売、コンサルテーション、他社ユーザーへの店舗（レストラン、シャワー）開放を通じて、自社への取り込みにまで昇華させた点が特徴である。

　中古車に関してはこれまで、「中古車であってもメーカーに責任がある」という建前は分かっていても、新車事業へのリソース投入や、専業プレーヤーの存在などによりなかなか注力できなかった。しかし、真に顧客のライフサイクル全体から利益を上げることを目指すのであれば、中古車事業への注力も避けては通れない。新車価格の維持や、再販（成熟市場）や導入（成長市場）のつなぎにも成り得ると同時に、先の「メーカー目線のラインナップはゼロ（必要とされない）」の状況に対しても、中古車まで含めて顧客に面着し、使われ方、真のニーズを把握し、開発・設計に反映させることで寄与できる。実際、この領域は保有台数の大小が勝負を分けるため、上質車の下取りを狙ったリース事業の強化（やリース会社の買収）もグローバルレベルで加速している。

　このように、トランスポートシェアの進展などによる新車販売「ゼロ」時代の到来を控えた"今"に対する打ち手の一つが、点（新車・自社ユーザー・1拠点）から線（アフターサービス全体・他社ユーザー・地域）、線から面（複数事業と地域・自

他ユーザーの組み合わせ)、つまり「テン・セン・メン」で捉えることなのは、前述の「高稼働要求」という商用車の本質を見ても疑いの余地はない。

さらに、これを効果的に推進するために不可欠なものが、ビッグデータやテレマティクスの活用である。

勝てる勝負の作り方、商用車のデータは宝の山

乗用車や他のモビリティーにはない「長距離」「長時間」「高頻度」「高回転」の特性から発生し、他プレーヤーが喉から手が出るほど欲しいもの。それが、商用車を起点に生み出されるビッグデータである。

しかし、ビッグデータはいまだに有効に活用しきれていないのが現実だ。いや、「生み出し切れていない」がより実態に近いだろう。その原因の一つは「何に使えばよいのか」という目的の設定が曖昧なことである。またそれに伴い、「どこで"儲けたらよいのか"(誰に課金したらよいのか、そもそも課金すべきかなど)」が定義できていないことにある。そのため、「どのようにして生み出せばよいのか」についても、定まった解がないのである。

「Daimler Fleet Board」や「Volvo Dyna fleet」などの欧米系だけでなく、「ISUZU MIMAMORI」など日系商用車メーカーも次々とサービスを拡充させているが、いまだに業界のスタンダードになるほどの決定打はないのが現状である。

テレマティクスを活用して提供できるサービス、得られる便

益、ユーザーニーズは国・地域によって様々である。また、「特定の事業者の資産としてブラックボックスに閉じ込めておくのか」「業界内でシェア・活用するのか」「業界の枠を超えて、活用の幅を広げるのか」など、選択肢は数多くある。前述のアフターサービス強化への活用は、その一つの方向性として挙げられる。

　エンジン最大手の米Cummins社はデロイトのインタビューに対して、「テレマティクスとデータ活用をアフターセールス拡充の中核に据え、機能やサービスを拡充する」と答えた。

　Cummins社は自社のテレマティクス・サービス「Connected Diagnostic」によって収集したエンジンデータから、ダウンタイムを引き起こす潜在的な問題を識別し、的確なアドバイスを顧客に直接提供するなどの取り組みを本格化させている。最終顧客へのタッチポイントをテレマティクスに見いだす点は、同様にBtoBビジネスの難しさと向き合わなければならない商用車業界にとっても良質の教材と成り得るであろう。

　なおデロイトの調べでは、このサービス提供対象は大手顧客20社弱（2015年）であり、事業単体では黒字化していない。にもかかわらず、"中核"に位置付ける点に強い覚悟が感じられる。

　この領域では、トラックやバスというプラットフォームを持つメーカーが二の足を踏んでいるうちに、大手物流業者や電子機器メーカーは、荷物にセンサー（現時点では、シールレベルになっておらずコスト面でも合っていないが、時間の問題と考

える）を直接付けて、現在位置や揺れ具合、温度、湿度、露出度合（光）、湿度、圧力などのデータを収集・活用する取り組みを始めている。既に様々なサービスを開始している米Google社や米Amazon社などのメガプレーヤーもさらに影響力を強めてくることは容易に想像できる。インドネシアのGo-Box社のように、アプリを介して荷主とトラック運転者をオンデマンドで直接結び付けるサービス業者も登場している。やり方次第では先進国、新興国に関わらず参入可能である。

明日に備えよ：手をつなげ
R&D領域のオープンイノベーション

　近い未来への一手としては、R&D領域のオープンイノベーションやアライアンスである。次世代パワートレーンやビッグデータを取り巻く環境変化は早く、新規参入者も多い。より厳格になる環境規制や各種法令に準拠しながら、全方位的に自社リソースで対応できるプレーヤーは多くない。実際に、自動車産業トップのトヨタ自動車であっても、積極的なアライアンス戦略の実行によって、外の力を借りる（買う）ことで、対応スピードを維持している。

　これまで日本の製造業でオープンイノベーションが進んでいない理由の一つは、日本のメーカー、特に開発者にとって自社開発こそが存在理由であり、生業であったためである。外部の技術やサービスを正々堂々と参考にする、取り込む、使うのは、プライドが許さなかった。一方で、そのプライドが競争力

の源泉でもあった。

　しかし、現在と将来の環境変化を考えると、R＆D部門に求められるのはゼロベースで考えることではなく、世の中の技術・サービスにアンテナを立て、高い感度で分析し、先読みして取り込む"目利き"である。

　最先端の開発現場に目を向けると、米シリコンバレーを筆頭に世界規模でイノベーションエコシステムの形成が進んでおり、既に差別化の段階にある。例えばイスラエルは、1人あたりのVC（Venture Capital）投資が世界1位のIT集積国であると同時に、1年間に約1000社のベンチャー企業が生まれる「第2のシリコンバレー」である。実際に大手のR＆D拠点が集積し、同国発の数々のイノベーションが世界標準になっている。

　世界最大のカーナビ・アプリ・メーカーのWaze社や、業界シェア80％の衝突事故防止・軽減を目的とした高度運転支援システムを提供するMobileye社なども、イスラエルに開発拠点を置くベンチャー企業である。米GM社や米Ford社などの自動車メーカー、建機トップメーカーなども拠点設置、アライアンス先を定常的に模索している。それにも関らず、日本企業は圧倒的に出遅れているのが実情である。

　そこには、自社開発にこだわりスピードを喪失するくらいであれば、生き残りをかけて積極的に「手をつなぐ相手」を探す姿勢が見て取れる。なお、手をつなぐ相手は、自動車関連の事業者ばかりではない。これまで日系製造業（特にBtoBでは）がケアしきれなかったNGOやNPOも協業者に成り得る。いわ

ゆる"監視"者にもなれば、社会課題解決のパートナーとして、新たな事業ニーズを生み出す"頼もしい仲間"にもなる。

今回は誌幅の関係で詳細を省くが、手をつなぐためだけでなく、情報化の進展や社会課題の深刻化、地球環境負荷低減へのより積極的な関与ニーズなどから、商用車業界に携わる者にはコーポレートコミュニケーション機能の強化が求められるようになることを提言しておきたい。

未来に備えよ：作り出せ
ルールを変える、生業を変える

ここまで、今と明日への備えを論じてきた。最後に、未来への備えを考えてみたい。具体的には、「ルールを変える」「生業を変える」という日系企業が最も不得手とする、しかし、勝ち残りのために避けては通れない方向性をあえて提言する（**図8**）。

乗用車や二輪車を中心にライドシェアやZEV（Zero Emission Vehicle）化に向かう中で、商用車業界、特に日系プレーヤーが本気になれない理由は大きく二つあると考えられる。

一つは、冒頭に提示したBtoB、つまり「乗用車とは違う」という点である。100万円程度のクルマで移動ニーズを満たせるユーザーが、「見せるために」数千万円の電動スポーツカーを買うという世界ではない。別の表現をすれば商用車は私服ではなく、ビジネスウェア・作業着であり、高機能で低コストが最も良いのである。もし、ガソリン／ディーゼルエンジン車よ

り価格競争力がなければ選択肢に成り得ない。

　もう一つは、「地球環境に低負荷という観点で、真にその解決策と成り得るのは何か」という点である。例えばマツダが内燃機関にこだわるように、今後間違いなく電動車両の比率は上がるが、現状はまだ内燃機関に改良の余地はあり、モーターや電気デバイス技術との組み合わせで対応できる。「WtoW（Well to Wheel）」の観点で考えれば、火力発電で生み出した電気で走らせる電気自動車（EV）あるいは燃料電池車（FCV）は、

図8　勝ち残りの方向性
顧客ニーズに"応える戦い方"から、社会ニーズを"創り出す戦い方"への転換が必要。

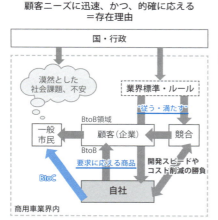
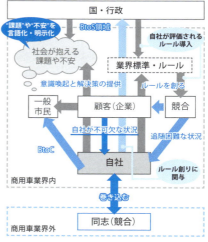

国によってCO_2排出量に差はなく、必ずしも環境にやさしいとは言えない。

　商用車メーカーが商用車メーカーたるゆえんは、ユーザー（顧客）のビジネスが成り立つこと、成り立たせるために商用車でそのニーズに応えることである。そのため例えば、電動化トレンドに迎合するためにEVを手掛けるのではなく、EVであるべき真の根拠に基づいて選択肢に組み入れるべきである。その観点では、Daimler社をはじめとするトラックメーカーのEVやFCVは、本来その説得力に欠ける。乗用車が電動化するので商用車でも電動化するなどの規模の経済を指向するという様相が強い（ただし、トッププレーヤーの戦略としては正しい選択であり否定できない）。

　それでも彼らがそれを進めるのは、例えばDaimler社は自らの定義を自動車メーカーから、社会問題を解決するソリューションプロバイダーに変更し、クルマをその解決ツールの一つに位置付けているからである。

　この瞬間に、経済合理性や顧客要求だけではない「力＝ルール」や、世論を自ら形成して社会的意義に応えようとする力が生まれる（BtoSの誕生である）。そうなると、既存のBtoBモデルに属するプレーヤーが同じ土俵で勝負することは難しくなる。未来への備えを、「顧客ニーズに"応える戦い方"から、社会ニーズを"創り出す戦い方"への転換」として、「ルールを変える」「生業を変える」ことを提示したのは、このような理由からである。

商用車産業の行きつくところ
クルマはもう"はたらかない"

　本章の冒頭で、商用車は「はたらくクルマ」という定義を確認した。この先クルマは次第に働かなくなる。「働く」とは、対価を得るために動くことである。今後、現在のはたらくクルマ（トラック、バスだけでなく建機・農機を含む）は、社会インフラとしてより自律的に、かつ対価を得るためでなく、新たな付加価値を生み出すために行動するようになる。クルマは、社会インフラをサポート（支持）する役割から、社会をリード（指示）する役割を担うようになり、もう「はたらかない」のである。

戦う相手・場所はそこではない

　最後に、特に商用車メーカーに焦点を当て、その戦いの環境は既に変わっていることを確認する。

日系vs非日系

　既に起こっている現象であり、技術提携、出資、子会社化など呼び方は様々だが、もはや国別の分類は意味をなさない。利害が一致すれば、どこの国のメーカーであろうとアライアンスを組むことはあり得る話であり（もちろん対等、傘下などの意識の違いは出資比率により出てくる）、日系vs非日系の戦いではない。

自動車業界vs他業界

クルマの高度化に伴い、電機、素材、通信などの各業界との協業は以前よりあった。ここにきて米Tesla社がトラックセグメントに参入し、日本でもDeNAが無人バスや自動運転の物流サービスを開始した。これらを競合相手と見るか、協業相手と見るかで取り得る戦略は大きく変わる。確実に言えることは自動車業界内だけでなく、他業界のプレーヤーとの戦いや協業が求められるということである。

先進国vs新興国

通信業界の例が示唆に富む。日本をはじめ従来の先進国は、通信インフラの整備から始まり、固定電話、携帯電話、スマートフォンと浸透してきた。一方でインフラがぜい弱な国では、一足飛びにスマートフォンが広がったように、従来型の「先進国にはXXモデル、新興国にはXXモデル」というステレオタイプの戦術は意味をなさない。商用車業界においても我々が実際に現場で発見した事実として、以下のようなものがある。

・未舗装道路が多く、1人当たりのGDPが200ドル以下の地域にも関わらず、ハイスペックなトラック架装の需要が多い（高価格帯の野菜・果物を扱う業界で高い輸送品質が求められた）
・先進国でも市民権を得ていないテレマティクス・サービスが人気を博している（多発する盗難防止に役立つ等の理由であった）

・先進国向けのハイスペックなディーゼルエンジンが最貧に類する地域で先進国を凌駕するほど売れている（インフラが未整備のため、生活用水の供給に向けた水ポンプ需要があった）

　このように、先進国や新興国という画一的な分類は意味をなさない。「その地域ごとの制約条件は何か。ニーズは何か。」に応える戦いである。もちろん国や地域の成長スピードも上がっており、昨日の新興国は今日の中進国であり、明日の先進国でもある。

12.6兆米ドルを狙え
　ここからは、これまでの論点を念頭に置いて、商用車業界が取るべき事業モデルの方向性をいくつか提示してみたい（**図9**）。
競合との協調：1人で戦わない、高度化・複雑化・多様化されたエンジン開発には限界がある
業界の枠を超えたタッグ：オープンイノベーションやサービスモデルの取り込みなど、ユーザー企業に高付加価値を提供するという観点で積極的な連携を模索する
地球インフラの考え方：戦いの目的、戦う場所、戦い方の目線を地球レベルに上げ、このインフラをリードすることを真剣に考え、行動に移す
　商用車業界の関係者から我々が受ける将来動向に関する問いとして、「〜にすべて替わってしまうのか」というものがある。答えは否である。

図9 商用車業界の将来事業モデル

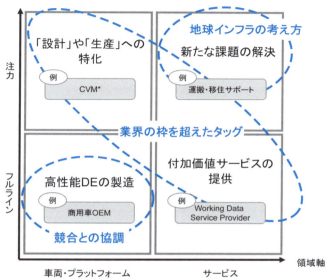

※他社の部品を設計・製造する委託製造事業(Commercial Vehicle Manufacturing Service)

　ここまでの将来予測はいずれも変化の要素であり、あらゆるものが同時に一変するわけではない。どれほど強力な変革ドライバーであっても、ここまで進展した社会が世界規模でガラリと変わることは考えにくく、現実的には「棲み分け」である。しかし、確実に訪れる「うねり」でもあり、この変化に対して「見て見ぬふり」をすることはできないだろう。少なくとも将来を見極め、「Go/No Go（やる／やらない）」の経営判断をすることは、確実に必要である（「やらない」という判断も立派な経営判断である）。

デロイトが予測する今後の社会トレンドに、「残された巨大市場へのリソース集中」がある。しかしその前提は「地球上の」であり、その前提を外せば地底・海底や他の惑星も市場に成り得る。「戦う場所はそこではない」に倣えば、「地球上vs海底・宇宙」の構図である。

　実際に、宇宙旅行や火星移住計画は実現性をもって存在している。商用車ビジネスが社会インフラを支えることが本質であり続ける限り、例えば火星への移住計画が本格化し都市が形成される際には、何らかの形で建設需要、物資・人材輸送需要が発生する。その際に「商用車業界は何ができるのか」「何をしなければならないのか」を見通しておくことは無駄ではない。

　デロイトは以前、大手商用車メーカーの経営陣に「宇宙事業」を真剣に提案したことがある。ある経営幹部はその場で「面白い、具体的には・・・」と本気でその考えを理解しようとする姿勢を見せた。宇宙事業とまではいかなくとも、高い目線で先を見通し、継続的に商用車事業を再定義できるくらいの柔軟性と先見性がある限り、商用車業界はまだ発展でき、将来の12.6兆米ドルマーケットを手にすることができると確信した。

　商用車業界を見通すことは、前章までの中心的話題であった乗用車を含む自動車産業全体に対しての示唆も与えられる。先の「社会インフラ構築を支える公共性の高さ」「地球・社会環境との親和性の強さ」の通り、世の中の変化に敏感に反応するのは商用車業界である。1990年以降のグローバル化の進展による業界再編が進んでいるのは商用車業界である。リーマン

ショックやシェール革命、東日本大震災などの世界規模の出来事に対して株価などが最初に反応したのも、マクロ環境と密接に連動し、いち早い対応が求められる商用車業界だった。今後、自動車業界で起こるトレンドをキャッチするために商用車業界を定点観測しておくことが必要であろう。

第7章 日系サプライヤーの生態系変化

第7章 日系サプライヤーの生態系変化
「ケイレツ」崩壊と部品産業存亡の危機

これまでの「ケイレツ」が崩壊

自動車メーカー
ティア1サプライヤー
ティア2以下（裾野産業）

トヨタ
ホンダ
日産

デンソー
ケーヒン
…

…

④ 自動車メーカー／ティア1の競争力低下

① システム提案力、グローバル調達力に勝る独系ティア1を採用

② ティア1の低迷により、他に販路のないティア2以下が経営難に

倒産　外資企業による買収

③ 裾野産業が弱体化

これまで日本の自動車メーカーは、技術の「手の内化」志向が強かった。系列部品メーカーを巻き込んだこの共存共栄モデルが、日本自動車産業の競争力の源泉だった。しかしモビリティー革命は、自動車メーカーの部品メーカーへの期待値を変化させる。自動車メーカーは「手の内化領域」を絞るようになり、その結果、部品メーカーの役割は変化する。こうした状況の中で、部品メーカーが今後も成長を維持するためには五つの選択肢がある。

部品メーカーが生き残るための五つの選択肢

	サプライヤー類型	製品領域
1	ティア0.5 / 1.5プレーヤー	システム化領域
2	感性価値プレーヤー	HMI領域
3	異業種プレーヤー	情報関連領域
4	メガ・コモディティー・プレーヤー	コモディティー化領域
5	プロダクション・エクセレンス・プレーヤー	───

モビリティー革命による構成部品の変化

　自動車産業は、完成車メーカーを頂点とする大小の部品メーカー（以下、サプライヤー）がピラミッド型に連なる産業構造である。自動車部品を製造するサプライヤーは世界で数十万社存在する。この産業としての「裾野の広さ」が、これまで世界中で膨大な雇用と経済的な利点をもたらしてきた。実際、多くの新興国が一次産業頼みの経済構造から脱却し、工業化を推進するためのドライバーとして、自動車産業の誘致・育成を目指している。日本においても、自動車メーカーが創り上げてきた系列型生態系の中で、多数のサプライヤーが日本経済の牽引役を担ってきた。2015年、サプライヤーのグローバル売上高トップ100社には、日系企業が37社ランクインしている。

　本章では、これまで述べてきた「パワートレーンの多様化」、「クルマの知能化・IoT化」、「シェアリングサービスの台頭」によるモビリティー革命は、部品業界、およびサプライヤーにどのような変化をもたらすのか。その中で、どのようなサプライヤーが勝ち残るのかを考察する。

　まずは、モビリティー革命によるクルマの構造そのものの変化に触れておきたい。「パワートレーンの多様化」に伴い、特に電動化が広がることで、主にエンジン・エンジン補機、吸排気、燃料装置といった領域は、モーターや2次電池に置き換わる。また「クルマの知能化・IoT化」によって、駆動系・足回りにおいてはバイワイヤーやインホイールモーターなどが増え

図1 「パワートレーンの多様化」「知能化・IoT化」により消えゆく部品・新たな部品

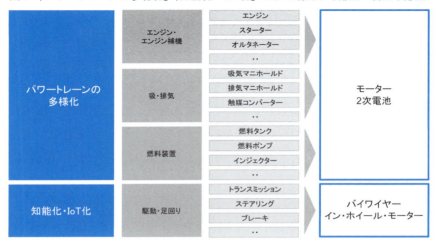

ると考えられる（図1）。言うまでもないが、これらの部品領域を扱うサプライヤーにとって「消えゆく部品」は脅威であり「新たな部品」は機会となる。

部品業界の変化を促す自動車メーカーの競争環境変化

モビリティー革命が部品業界とサプライヤーにもたらす変化を考える上では、顧客である自動車メーカーの競争環境の変化を理解する必要がある。

従来、自動車産業は完成車と部品という二つの領域で主に構成され、その周辺にサービスなどの関連領域が広がっていた。

しかし、モビリティー革命により、ユーザー情報を活用した新たなサービスや、交通システムの合理化に向けた社会インフラとの連携、これらの情報を収集・分析する人工知能やクラウドといった情報プラットフォームなどの、いわゆるOut-Car領域が拡大していく（図2）。

これらのOut-Car領域は、量的な拡大にとどまらず、クルマのKBF（Key Buying Factor）の一つとして、重要性を急速に増してきている。Out-Car領域の発展により、クルマは携帯電話と同じ「端末」となり、付加価値がOSやコンテンツに奪われるという末路を辿る恐れがある。自動車メーカーにとっては、今まで構築してきた競争優位性が通用しない新たな領域での戦いを強いられることになる。

そのような中、IT企業とメガサプライヤーが自動車メーカーを脅かす存在として台頭してきている（図3）。従来、米Google

図2　モビリティー革命による自動車関連領域の拡大

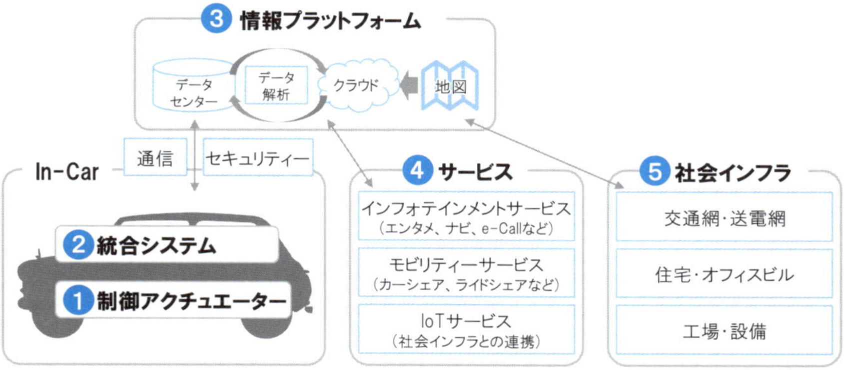

社や米Apple社などに代表されるITプレーヤーは、インターネットを活用し、ユーザー情報を掌握することでビジネスを拡大してきた。近年では、スマートフォンを通じてユーザーの生活全般に関わる情報を収集している。彼らは、収集したデータを基に新たなビジネスを創出し、さらにユーザーを囲い込むというビジネスモデルにより、成長を続けている。このような環境下、インフォテインメントと自動運転という二つのトレンドを受け、In-Car/Out-Car領域における情報獲得に乗り出している。旗印となる「車内機器のパーソナライズ」や「効率的な都市交通の実現」を通じて、クルマの認知・判断・制御といったシステムの根幹を掌握することが狙いである。

図3　各プレーヤーの動向と狙い

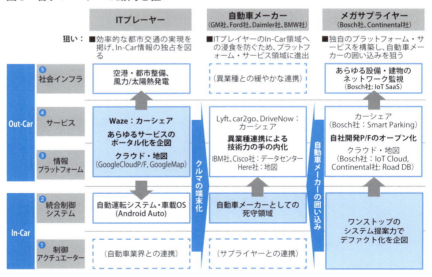

一方、部品領域のシステム提案力を武器にデファクトスタンダードを獲得してきたメガサプライヤーは、独自の情報プラットフォームやサービスを構築し、自動車メーカーの囲い込みを狙う。メガサプライヤーの代表格である独Bosch社は、センサーとサービスの一体提供による新たなプラットフォームビジネスを画策している。ドイツでは国内全15カ所において駐車場を試験的に運営する。そしてドイツ鉄道との連携により、各交通機関の特性を生かした効率的な輸送・交通体系の構築を図りつつ、駐車の有無を検知するセンサーや自動駐車アプリなど、自社の強みを生かした新たな付加価値の創造・顧客の囲い込みに取り組んでいる。

　一方、In-Car領域においても、競争は激化している。HEV、EV、PHEV、FCVなど、自動車メーカー各社は「電動化」領域におけるデファクトスタンダード獲得に向けてしのぎを削る。また自動運転車の実現を控え、異業種や一部のメガサプライヤーを巻き込んだ「知能化」領域の開発競争も激化の一途を辿る。加えて、販売市場の中心が先進国から新興国に移りつつある中で、新興国向けモデルの開発・投入競争も激しさを増している。

サプライヤーが担う戦場の変化

　このような競争環境の中で、全ての自動車メーカーが直面する悩みが、開発工数不足であろう。全ての将来シナリオに対応

し、全方位的な開発体制を構築できる自動車メーカーは存在しない。限りあるリソースをどの領域に投入するかが、将来の競争力を左右する。

　自動車メーカー自身による対応策としては、車両のモジュール化、部品共通化、自動車メーカーや他業種とのアライアンスなどがあるが、加えて、現実的な策として「サプライヤーの有効活用」が挙げられよう。

　欧州系自動車メーカーのモジュール化や部品共通化は、サプライヤーのシステム・モジュール提案により支えられている。特に、車両だけでなくモジュールの設計段階からサプライヤーを活用することが、自動車メーカーの設計工数の削減に寄与しており、自動車メーカーにとって無くてはならない存在になりつつある。

　従来、日系自動車メーカーは技術の「手の内化」志向が強かった。自動車メーカーが独自に、もしくはサプライヤーと共同で先行開発を行い、生産量の拡大に合わせて内製からサプライヤーへと生産移管してきた。完成車メーカーは、サプライヤーに開発の思想や手法を伝達する一方で、自社の意向に沿って生産・開発をすること、自社向けの生産を優先することを求めてきた。その共存共栄モデルが、日系自動車産業の競争力の源泉であった。

　しかし、モビリティー革命は、日系自動車メーカーのサプライヤーへの期待値を変化させる。自動車メーカーは、クルマのコンセプト決定やOut-Car領域との連携に注力せざるを得なく

なり、部品領域はサプライヤーへの依存度が高まる。日系サプライヤーは、自動車メーカーの意向に従い部品を個別開発してきたが、今後は部品とシステムをセットで供給することが求められる。部品単品からシステム全体へと主戦場が移り、システム全体としての品質・機能、開発・適合のコスト・開発期間が差別化要因となっていく。

勝ち残るサプライヤーの目指す方向

今後、自動車メーカーが「手の内化」領域を絞り、積極的に外部活用を進める動きは不可逆的に進行するだろう。自動車メーカーとサプライヤーの役割が変化していく中で、サプライ

図4　サプライヤーの目指す方向

	サプライヤー類型	製品領域
①	ティア0.5／1.5プレーヤー	システム化領域
②	感性価値プレーヤー	HMI領域
③	異業種プレーヤー	情報関連領域
④	メガ・コモディティー・プレーヤー	コモディティー化領域
⑤	プロダクション・エクセレンス・プレーヤー	ー

ヤーが今後も成長を維持するためにはどのように戦うべきなのか。右図に、既に起こりつつある先進事例と合わせて、五つの方向を示す（図4）。

① ティア0.5 / 1.5プレーヤー（システム化領域）

自動車メーカーによる外部活用の潮流が広がる中で、システム化能力を有するメガサプライヤーが大きな役割を担っていくのは疑いようがないだろう。Bosch社は、「走る・曲がる・止まる」の基幹領域（パワートレーン・シャシーなど）において、積極的なM&Aを通じて幅広い技術を獲得し、システム化・パッケージ化した製品を自動車完成車メーカーに納入している。Bosch社はこれまでの「ティア1」の領域を超え、自動

図5　Bosch社の主要事業ポートフォリオ

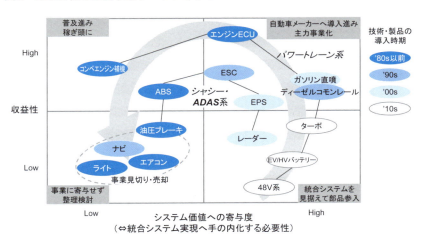

車メーカーが担当していた領域に踏み込んだ「ティア0.5」サプライヤーと言える。その競争力は、環境変化に応じた製品・技術ポートフォリオを組み替えることで強化・維持されている（図5）。

　結果としてBosch社は、最新の製品・技術を取り揃えることにより、自動車メーカーの欲しいもの、つまり技術的な課題に答えるソリューションを提案し、信頼を勝ち取り、囲い込むことに成功している。特に開発力に欠ける新興国自動車メーカーに対して、この戦略は大きな戦果を挙げている。

　一方、ティア0.5サプライヤーの登場により、必然的に生まれるのが既存のティア1サプライヤーの「ティア1.5」化である。ティア0.5サプライヤーが完成車メーカーの担当領域を担うことにより、これまでティア1として自動車メーカーに納入していた一部のサプライヤーにとって、ティア0.5サプライヤーが顧客となる。つまり、既存のティア1サプライヤーは、自社がティア0.5になるか、もしくはティア1.5になり下がるかの選択を求められると言っても過言ではない。

② 感性価値プレーヤー（HMI領域）

　自動運転車は、クルマという移動空間の概念を大きく変える。「クルマがぶつからない」「人が運転しない」ことを前提とすると、クルマの外観・形状、車内での過ごし方などが大きく変わる。内外装を中心としたHMI（Human Machine Interface）領域においては、個人の感性価値の理解や柔軟な対応・変化が

求められる。そのような環境下では、エンドユーザーのニーズを捉えた製品を提案できるサプライヤーが生き残るだろう。

具体的な取り組みとして注目されるのが、R&D拠点の現地展開である。例えば仏Faurecia社は、巨大市場である中国・インドに600人規模のR&Dセンターを設置している。日系自動車メーカーの主力生産拠点の近くにR&Dセンターを設置し、カスタマイズ対応を中心に行っている日系サプライヤーとは大きく戦略が異なる。

③ 異業種プレーヤー（情報関連領域）

自動運転車の登場により、ユーザーの自動車利用体験における重要性が、「クルマの運転」から「クルマでの過ごし方」に移行していく。また、「シェアリングエコノミー」の世界においては、サービスの全プロセスにおける利用体験の良し悪しが重要となってくる。そのような変化の中で、重要な位置付けを担うことになるのが情報関連領域である。

この領域においては、従来のカーナビゲーションシステムを中心とした一方通行型のモデルから、「クルマ対クルマ」「クルマ対ヒト」「クルマ対イエ」「クルマ対インフラ」などの双方向型のコミュニケーションが必要となる。そうしたデジタルコミュニケーションの世界では、IT系企業を中心とした異業種プレーヤーがイノベーターとなり得る。その代表例が日系では日立製作所やパナソニックであろう。これらの企業は家電で培ったセンサー技術に加え、ビッグデータやクラウドといった

IT技術を武器に自動車部品市場での事業拡大を図っている。

④ メガ・コモディティー・プレーヤー
　（コモディティー化領域）

　もっとも、モビリティー革命により、全ての部品領域において変化が起こるわけではない。例えばシートベルト、エアバッグや汎用部品（ファスナー、ベアリングなど）のような部品は、今後も大きな技術的変化は想定されない。

　こうした領域では、コモディティー化が著しく進展し、製品・技術面での差別化が極めて難しくなる。コスト競争力やグローバル供給力が重要視され、体力のないサプライヤーは淘汰される。

⑤ プロダクション・エクセレンス・プレーヤー

　製品領域によるプレーヤーの分化とは別に、バリューチェーンを軸にした変化も起こる。その一つとして想定されるのが、調達・生産・物流などのバリューチェーンにおける競争力を差別化要素とするプレーヤーである。「知能化・IoT化」の進展はサプライチェーン全体のネットワーク化や、機械同士の自律的な最適化を加速させる。その結果、従来以上に自動化・無人化できる領域が拡張する。

　こうした能力をいち早く獲得したサプライヤーは、自社の製品領域において競争力を獲得するにとどまらず、自動車メーカーを含めた他社の生産工程をも担うことが可能になる。ま

た、それらの仕組みやシステムをソリューションとして提供するビジネスモデルも展開し得る。

　特徴的な事例として、加Magna社の完成車生産が挙げられる。2015年に変速機メーカーの独Getrag社の買収を発表したMagna社は、シャシーや駆動・足回り部品、内装部品、電子部品といった広範な自動車部品だけでなく、「メルセデス・ベンツ　Gクラス」といった販売台数の少ない車種の生産を受託している。完成車の設計段階からの関与や受託生産により培ったノウハウを基に、提案力強化につなげている。

日系自動車産業にとっての最悪シナリオ

　モビリティー革命に伴う部品業界の大きな生態系変化が、日系自動車産業に影響を与える中で、最悪のシナリオとなるのが「ケイレツの完全崩壊」であろう。本章において事例として挙げた代表的な企業に共通する特徴は、競合に対する明確な差別化要素を有し、特定顧客に依存せずにビジネスを展開している、もしくはできる点である。

　明らかな差別化要素、競争優位性を持つサプライヤーの出現は、日系自動車メーカーの「ケイレツ重視」の調達モデルを容易に破壊する。象徴的なのは、2015年4月に発売されたトヨタ自動車の「カローラ」である。同車の自動ブレーキシステムにはデンソー製ではなく、独Continental社製が採用された。自動車メーカー各社も、ケイレツ外の取引拡大を明言してお

り、この潮流はモビリティー革命によりさらに加速すると思われる。

　自動車産業は完成車メーカーを頂点としたピラミッド型の構造である。完成車メーカーによるケイレツのティア１サプライヤーの切り替えは、その下に連なる「ティア２」以降のサプライヤーの切り替えも意味する。結果的に、体力のない中小サプライヤーから事業存続が難しくなり、競争からの撤退を余儀なくされる可能性がある。

　一方、日本の自動車産業の競争力の源泉は、産業としての裾野の広さと深さ、つまり中小サプライヤーを含めた技術力であることは疑いようがない。中小サプライヤーの弱体化は、結果的に日系自動車メーカーの競争力を削ぐことにもなりかねない。日本の自動車産業の存亡には、自動車メーカーだけではなく、現在のティア１サプライヤーの生き残りが重要なのである（図6）。

系列依存からの脱却の必要性

　ケイレツの完全崩壊による日本自動車産業の弱体化を回避するために、各サプライヤーが取り組むべきことは何だろうか。その一つが、独自の戦略に基づいた積極的な拡販である。系列依存型のサプライヤーの多くは、中長期戦略がない、もしくは、あったとしてもお題目になっており実質的に機能していない。まずは、前述の五つの類型のどのポジションに自社の事

図6　日本の自動車産業ピラミッドの崩壊
ティア1サプライヤーの低迷をきっかけとして裾野産業が弱体化し、自動車メーカーの競争力低下につながる恐れ。

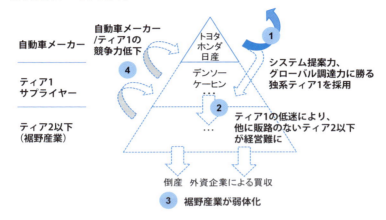

業・製品を位置付けるのかを明確にした上で、全社戦略を策定することが重要なのだ。

　一方で、その戦略を実現するには、各業務機能の変革も求められる。系列依存から脱却するためにどのような変革が必要なのか。営業・技術・生産の三つの部門ごとに紐解く。

① 営業部門

　系列依存型サプライヤーの多くは、自動車メーカーの開発・生産計画の情報収集に終始し、他自動車メーカーやエンドユーザーの動向を調査・分析する機能が不十分である。

　対して、複数の自動車メーカーへ拡販できているサプライヤーは、独自に各国の経済成長や環境・安全規制の動向を把握

すると共に、各自動車メーカーの対応を調査している。また、技術部門と連携し自動車メーカーに足繁く通うことにより、自動車メーカーの技術的な困りごとを把握すると共に、間接的に競合の動向を押さえることで製品・技術戦略の策定に生かしている。こうした情報収集・分析能力の強化が、系列依存からの脱却の第一歩となる。

② **技術部門**

　系列自動車メーカーからの要請に基づいた積み上げ型の製品・技術開発計画では、自動車メーカーのニーズを先読みし、提案していくことは難しい。顧客・競合の動向に対して、どのような製品・技術で対応するのか。製品・技術の目指す姿に対して、いつまでに何を実現するのかを示したロードマップを策定し、営業・生産などの他部門と共有する必要がある。

　また、自動車メーカーの指示通りに製品開発を進め、結果的に型番が増えてしまい設計・管理コストが膨れ上がっているケースも少なくない。ロードマップにおいて、先行開発の時期やターゲットとするレベルを明確にし、自動車メーカーのSOP（生産開始）時期に合わせてアプライ開発（適合）を推進することが重要だ。

③ **生産部門**

　系列依存型のサプライヤーは、自動車メーカーからの要請に基づき、工場・ラインの新設や、能増に向けた工程・設備設計

に追われている。生産コストの最適化に向けて、生産拠点の見直しや新工法の開発を計画的に推進することが重要であるが、これらの取り組みが後回しになっているサプライヤーが多い。

　一方、複数の自動車メーカーと取引をしているサプライヤーは、中期経営計画や機能計画と結び付け、大掛かりな取り組みを推進することで、生産コスト低減を実現している。

技術・リソース外部調達の必要性

　従来、日系サプライヤーも技術の「手の内化」を志向してきた。自動車メーカーの考えを踏襲した結果ではあるものの、今後サプライヤーも獲得すべき製品・技術領域が拡大し、複数の自動車メーカーへのアプライ開発（適合）が増加する中で、技術の「手の内化」に向けたリソース確保が限界に到達しつつある。他方、Bosch社・Continental社といったメガサプライヤーは、製品・技術の差別化領域・非差別化領域を明確に区別し、技術・リソースの外部調達による競争力の強化にいち早く取り組んでいる。

① Bosch社のCorporate Venture Capital

　Bosch社の製品・技術ポートフォリオの考え方は記述の通りであるが、先端技術獲得を目的に、CVC（Corporate Venture Capital）を通じたスタートアップ企業の発掘に取り組んでいる。毎年開催するベンチャーフォーラムでは、Bosch社が事前

に指定したテーマで、スタートアップのプレゼンテーションの場を設けている（図7）。2015年のベンチャーフォーラムは、画像センシングや画像認識などのコンピュータービジョン・機械学習といった自動運転に向け欠かせない技術や、3Dプリンティングといった新たなモノづくりをテーマに掲げていた。彼

図7　Bosch社のCVCによるVenture Forum開催

CVCによるVenture Forum開催（スタートアップ活用への取り組み）

- 重要領域に関わるスタートアップ発掘を目的に毎年開催
- スタートアップのネットワーキング、Bosch社へのプレゼン（重役との1対1でのミーティングを含む）等を実施
- Bosch社が事前にテーマを指定し、パートナーを募集
  （2015年は、Computer Vision / Machine Learning、Business Models for the Internet of Energy、Additive Manufacturing / 3D Printingを指定）

直近のスタートアップとのアライアンス実績（抜粋）

2011
- IDENT Technology社へ出資（2012年買収）
  3Dジェスチャー認識技術
- Ogmento社へ出資
  ゲーム・各種機器の開発向けAR技術

2013
- Pebbles Interfaces社へ出資（2015年買収）
  3Dジェスチャー認識技術
- Movidius社（2015年再出資）
  物体・ジェスチャー認識など向けビジョンプロセッサー開発
- Pyreos社へ出資
  MEMS方式の赤外線センサー開発

2014
- Setem Technologies社へ出資
  音声認識、声紋認証技術の開発

2015
- Modcam社
  画像・動画認識・分析のハードウエア/ソフトウエア開発
- ADASWorks社
  ADAS・自動運転画像認識アルゴリズム開発
- PubNub社
  IoTs向けのリアルタイムネットワーク技術

2016
- WaveOptics社へ出資
  ARディスプレーの開発技術

出所：Crunchbase、Bosch社プレスリリース、その他各種公開情報

らは、先進的な技術を持つ有望なスタートアップを提携先ではなく投資先と考え、3～5年で見極めて技術の取り込みや売却を判断している。

② Continental社のアライアンス戦略

　Bosch社がCVCを通じた技術の青田買いをしているのに対し、Continental社はアライアンスを通じた強者連合の構築を志向している。地図データを活用し、クルマの安全性・快適性の向上や、燃費効率向上に向けたエンジン・トランスミッションの管理との適合を謳ったeHorizonは、米IBM社のクラウド技術、独独Here社の地図技術を活用し開発されている。Continental社は、クラウドや地図を協調領域（非競争領域）と位置づけ、業界の強者と組むことにより車内システムに注力し、技術力を担保している。

③ Harman社のM&A戦略

　カーオーディオ・ナビゲーションメーカーである米Harman社は、ユーザーエクスペリエンス（使い心地）を差別化要素と捉え、ユーザーの嗜好に合わせたパーソナライズに向けた技術開発・獲得に力を入れている。2015年には、通信技術、特にネットワーク上でソフトウェア・コンテンツのアップデートするOTA（Over The Air）技術を持つ米Red bend社、加えてクラウド技術を持つ米Symphony Teleca社を相次いで買収した。Harman社はこの2件のM&Aにより、技術に加えて大量

のソフトウエアエンジニアの獲得にも成功している。Harman社はHMIやIVI（In-Vehicle Infotainment）の領域で、保有技術やリソース面でBosch社やContinental社と全面戦争しても勝算が薄いため、差別化領域を絞って技術獲得を推進している。

　自動車部品産業の生態系変化は、テーマとしては業界内で以前からよく語られており、決して目新しいものではない。一方で、どれだけの日系サプライヤーが、来る変化への対策を明確に打ち立て、準備を進められているのだろうか。これは遠い未来の話ではなく、既に起こりつつある現在進行形の話である。モビリティー革命後の各社のポジションは、今後数年間の製品・技術・顧客戦略の巧拙が左右する。

　この先、日系サプライヤーが勝ち残るためには、第1に自社の事業・製品のポジションを見極め、製品戦略を再構築すること、第2に拡販という大義に向け営業・技術・生産部門をはじめとした各部門が連携すること、第3に積極的な外部リソース調達により最適な開発・生産体制を構築すること、が必要である。

　従来の常識を排し、大胆な戦略を構築し、計画的かつスピーディーに実行できるか。日系サプライヤーの変革と競争力の維持を期待したい。

第8章 自動車販売とアフターチャネルへの影響

第8章　自動車販売とアフターチャネルへの影響

アフターサービス需要は3〜4割減に

米保険業界団体の道路安全保険協会（IIHS）によると、自動ブレーキを搭載した乗用車の保険請求件数は14％減少し、また自動運転車の普及によって、現在の自動車事故全体の90％を減らせると試算される。自動運転技術による安全性の向上は同時に、修理業を営むカーディーラーやサービスショップの収益に悪影響を及ぼす。こうしたアフターマーケットの規模は2030年に、現在よりも3〜4割低い5〜6兆円になるとみられる。

アフター市場の将来

出所：デロイト分析

顧客接点ゼロにどう立ち向かうか

これまで「パワートレーンの多様化」「クルマの知能化・IoT化」「シェアリングサービスの台頭」により引き起こされるモビリティー革命、そして自動車産業の既存プレーヤーへのインパクトについて話を進めてきた。モビリティー革命は我々消費者のクルマの使い方だけでなく、買い方やメンテナンスの仕方までを大きく変えることが想定される。またそれにより、カーディーラーやサービスショップをはじめとするクルマの販売・サービスを担うプレーヤーもビジネスモデルの変革が迫られることになる。本章では、販売・アフターサービスの観点から、来たるモビリティー社会について考察を進めていく。

クルマもネット販売の時代に

一般的にクルマの購入プロセスは、何かのきっかけで検討が始まり、家族・友人に話を聞いたり、インターネットやソーシャルメディアでリサーチをした後、カーディーラーに足を運んで吟味し、様々な利用シーンを想像しながら購入を決意する。

しかし、日本は他国に比べるとクルマ購入時のリサーチに費やす時間が短く、検討するブランド数も少ないという特徴がある（図1、2）。クルマ離れが進むと言われて久しい日本では、数値の上でもクルマの購入経験をそれほど楽しんでいるわけで

図1 自動車購入時にリサーチに費やす時間

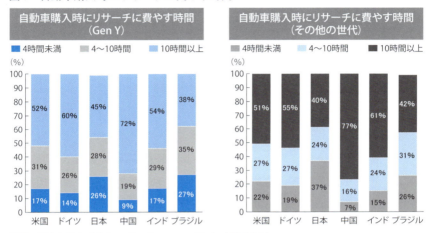

出所：2014 Global Automotive Consumer Study（デロイト）

図2 自動車を購入・リースする際に検討するブランド数

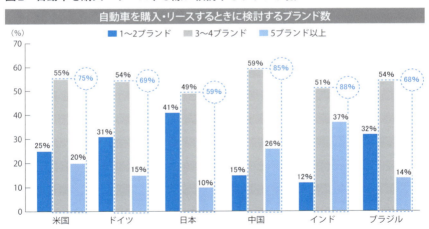

出所：2014 Global Automotive Consumer Study（デロイト）

はなさそうである。

　さらに近年では、情報収集だけでなく、購入そのものもインターネットでできるようになってきている。AmazonでBMW社が電気自動車（EV）「i3」を販売するというニュースが話題になった。米国でも米GM社が2013年より「Shop-Click-Drive」という、消費者がオンラインでディーラーの車両在庫状況を確認し、気に入ったクルマがあれば購入が可能な新システムを稼働させた。そこではディーラーとの価格交渉は不要であり、納車日も通知してくれるため、ディーラーとのやり取りに煩わしさを感じる消費者にとって利便性は高いだろう。同じくインターネット販売を行う米Tesla社においては、ほぼ直販モデルに近い形でのビジネスが行われている。店舗は存在するものの、あくまで展示車の体験・試乗機会の提供や、修理点検を行う場所であり、交渉・契約する場所ではないというのが特徴だ。

　これらのような取り組みは米国などの一部の先進国に限った話ではない。中国のeコマース大手のAlibaba社（Taobao）は、2013年に自社サイト「Tmall」にてクルマの割引販売キャンペーンを実施した。それを皮切りに、自動車専門サイトを運営する汽車之家社（Autohome）やソーシャルメディア大手Tencent社などが一斉にインターネット販売を開始した。このようにインターネット関連のビジネスに関しては、これまでのように先進国の技術・トレンドが後追いで新興国に入るのではなく、先進国と新興国でほぼ同時に、もしくは既得権益の小さ

い新興国で逆転的に起こることが特徴的である。異業種プレーヤーの参入や自動車メーカーによる直販により、クルマの購入経験がインターネットというバーチャルのチャネルでも完結できる時代になったことで、リアルの販売チャネルであるカーディーラーの役割を改めて定義することが必要になっている。

アフター領域で進む
カーディーラー対ネットの競争

　クルマを購入した後のメンテナンスの方法については大きく二つに分かれる。一つ目は、購入したカーディーラーに修理・点検・整備を全て任せる方法である。一般的にこの方法は費用がかかる印象はあるが、ワンストップのフルサポートにより、余計な心配や手間が掛からなくて済むというメリットがある。特にクルマの利用頻度・走行距離がそれ程多くなく、点検・整備は車検のタイミングで、と考える人の多い日本では、安心してサービスを任せられる、という理由でカーディーラーでのメンテナンスを選択しているケースが多く見られる。

　二つ目は、必要に応じて独立系のサービスショップ、整備工場、タイヤショップなどを併用し、自発的・効率的にメンテナンスを行う方法である。この方法は、クルマに対する知識と手間が必要となる一方で、費用を最小限に抑えたり、自分の好みに合ったクルマにカスタマイズできたりするメリットを享受できる。クルマをいわゆる「移動手段」ではなく、「自己表現の

ための商品」と考える顧客層および、クルマのランニングコストをなるべく抑えたい価格重視層という、一見相反する二つの顧客層がこの方法を取ると考えられる。

アフター領域でも最近eコマースの進展が見られる。自動車のアフター部品は点数が多い上、各メーカーのモデルごとに適合部品が異なっているなど、非常に複雑で専門知識が必要なため、従来は専門家（カーディーラーやサービスショップ）に任せることが一般的であった。ところが近年、Amazonの「Car Parts Finder」や「Tire Rack」などインターネット上で適合部品選びや顧客の利用用途に適した部品の選択を教えてくれるサイトも出てきている。その結果、従来の「一度購入した顧客は自然とそのディーラーにサービスを受けに戻ってくる」といった状況が変化して、ディーラー自らがサービスを売りに行かないと顧客は戻ってこない状況になる可能性もある。バーチャルな経験とリアルの経験をいかに融合していくかが、メンテナンス領域において大きなテーマになっている。

顧客接点ゼロの将来

それでは、「クルマの知能化・IoT化」や、カーシェアリングが当たり前のものとなる未来の世界において、我々の購入・メンテナンス経験はどのように変わるのだろうか。変化のポイントは、「カーオーナーの法人化」である。

モビリティー社会では、カーシェアリングサービスを運営す

る法人、またはカーシェアリングをすることを想定した個人の割合が増加する。共同利用を前提とする個人オーナーは、消費者として利用する視点のみではなく、事業者としての視点を判断基準に含めて、販売・メンテナンス方法を決定するようになるだろう。

　顧客が個人から法人へシフトし、eコマース化も進展すると、販売ショールームの「個人客向けに様々なクルマを準備し、試乗を促し、商談をする」という役割は低減する。法人オーナーは、eコマースサイトにアクセスすることで、商品・サービスの選択に必要な情報を十分に得られる。2016年時点で、口コミサイトはこれまでの匿名で言いっ放しのサイトばかりでなく、実名での口コミサイト、専門家による類似サイトも充実してきており、信憑性の高い情報の取得も可能である。将来は、試乗したければ、クルマが自動運転で望む所まで来てくれるようになり、店舗まで足を運ぶ必要性はなくなる。一度もディーラーの販売員とコミュニケーションを取ることなく、現在と同等の情報を得て比較検討し、購入の意思決定を行うことも可能となるのである。

　さらに、メンテナンスサービスにおける顧客接点でも大きな変化が起こる。現在はクルマの所有者が一定のペースで店舗にクルマを持ち込んで点検を行い、その結果に応じて整備・消耗品交換を行っている。このタイミングこそが、ディーラーにとっては大きな商機であり、部品の交換やアクセサリーの購入、さらには他のクルマ（通常は現在乗っているクルマより高

いクルマ）への乗り換えを促している。ところが、今後は、知能化・IoT化によりクルマが自動的に自己点検し、整備や消耗品交換が必要な際にアラートを発信し、所有者が対応するという流れになる。そして持ち込む手間を省くために、自動運転機能でクルマだけがメンテナンス拠点に移動し、必要最低限の整備・消耗品交換を行うというスタイルになっていくだろう。ここでも、ディーラーのサービスマンと一度もコミュニケーションを取ることなく、現在と同様の修理・点検サービスを受けることが可能になる。

書店で起こった店舗数7割減の衝撃

　このような世界が現実になると、リアル店舗はその存在意義を徐々に失っていくことになる。他業界に目を向けると、実際にeコマースがリアル店舗を駆逐した事例がある。顕著な例は書籍の電子化だ。米国では1995年には5500店ほどあった独立系書店の店舗が、Amazonなどのネット販売による影響や、Kindleをはじめとした書籍の電子化により、15年後の2010年には3割以下まで減少した（図3）。2011年には、全米第2位の規模を誇った書店チェーン、Borders Groupが連邦破産法11条を適用し倒産をするなど、大変な打撃を受けた。

　クルマは書籍とは異なり商品そのものが電子化されることはない。しかし、同じようなeコマースの進展による店舗数の減少は大いに考えられる。

図3　米国の書店店舗数減少

主に米大手チェーン以外の書店が加盟する組織（ABA）の登録店舗数であることから推定。

自動運転＋テレマティクスで修理・点検は40%減に

　アフター領域でのインパクトも考えてみよう。次ページの図4は2013年度の日本のアフター市場規模である。約8.5兆円のアフター市場の内、1/4の約2.1兆円は車検整備による売り上げとなり、ユーザー希望による整備（約1.8兆円）、カー用品販売（約1.8兆円）、事故整備（約1.3兆円）が続く。これらの市場規模が将来的にどのように変化していくのか考察する。

図4　2013年度の日本のアフター市場内訳

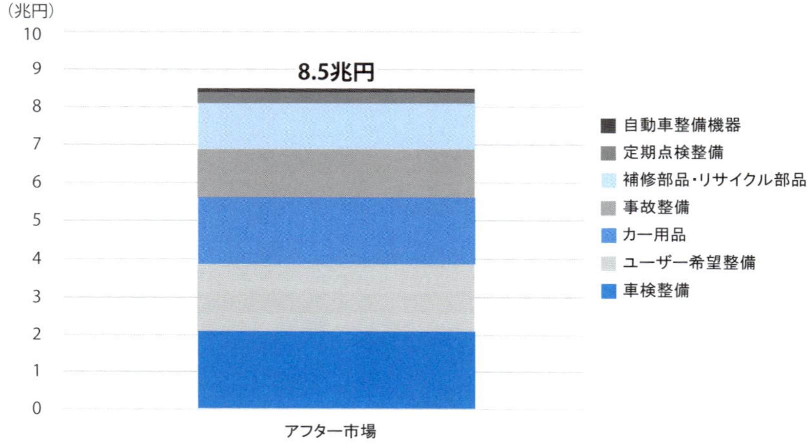
（兆円）
10
9
8
7
6
5
4
3
2
1
0
8.5兆円
自動車整備機器
定期点検整備
補修部品・リサイクル部品
事故整備
カー用品
ユーザー希望整備
車検整備
アフター市場

出所：矢野経済研究所

まず、最大シェアを誇る車検整備については、技術が進歩しても一定規模で残ることが想定される。ただし、カーシェアリングの進展により保有台数が10～15%減少することが見込まれることから、市場全体の縮小も免れられない。保有台数の減少はその他全てのサービス需要に影響を及ぼし、アフター市場全体の縮小につながっていく。

一方で二番目に大きいユーザー希望による整備は、知能化とテレマティクス技術の進展により、クルマが自己点検を行えるようになるため、利用頻度は増えることが想定される。従来はユーザー自身の判断により整備を行っており、必要なタイミングで整備を行わないことも多かったためである。ただし、高頻度のメンテナンスにより、重大な整備不良を起こさなくなるた

め、1回当たりの整備単価は安くなり、全体の市場規模が下がることが想定される。また、回生ブレーキなど電動化技術の進歩により、ブレーキパッドなど一部の消耗品への負荷が下がることも、整備単価減少に寄与すると考えられる。

　続いて三番目に大きいカー用品販売は、顧客の法人化やカーシェアリングの進展により「自家用車」の台数が減ることから市場規模は縮小することが想定される。

　さらに減少が想定されるのが、現在四番目に大きい事故整備である。現段階で既に商品化されている自動ブレーキを始めとした運転アシストや既に実証実験が進んでいる自動運転が未来の社会で当たり前となると、人為ミスによる事故は低減し、事故整備による販売機会も激減することが想定される。米保険業

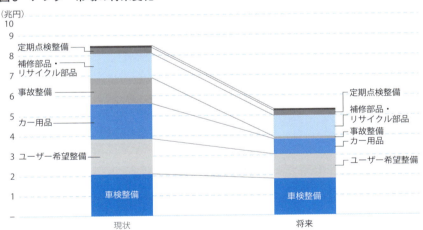

図5　アフター市場の将来変化

出所：現状は矢野経済研究所、将来はデロイトの予測

界団体の道路安全保険協会（IIHS）は、自動ブレーキシステムを搭載した乗用車の保険金請求件数は14％減少し、さらに自動運転車両の普及により自動車事故全体の90％を削減できる、と試算している。知能化や自動運転による安全性の向上は、同時に修理業を営むカーディーラーやサービスショップの収益には負のインパクトを与えることを意味する。

　これらのことから、2030年のアフター需要は現状より3〜4割低い5〜6兆円にとどまると見られる。販売・サービスともにカーディーラーへの逆風が吹いており、冬の時代が訪れることが想定される（図5）。

将来社会における二つのビジネスモデル

　モビリティー革命が販売・メンテナンスの両面においてもカーディーラー、サービスショップにとって逆風となることを先述した。では彼らはこのまま市場が縮小していくのを黙って見ているしかないのであろうか。ここからは、将来的に訪れるであろうリアル店舗の縮小期に、彼らがどのように生き残っていくべきかについて考察する。

顧客との繋がりの進化
〜コミュニティーハブとしての場の提供〜

　インターネットというバーチャルの世界でできることが拡大する中、リアル店舗は常に新たな「リアルならではの何か」を

提供していかなければ、成り立たなくなってしまう。現在は、販売では「商品の実物が見られる」「試乗ができる」ということ、メンテナンスで言えば「実物を見て診断してもらう必要がある」「物理的にメンテナンスする場所が必要である」ということが「リアルならでは」に当たるだろう。しかしながら、顧客接点がゼロでも販売・サービスが完結できてしまう将来の社会では、インターネットでのバーチャル体験の充実やリモート対応、出張サービスなどにより、現在の「リアルならでは」は失われてしまう。したがって、これまでとは異なる「リアルならでは」を新たに構築する必要がある。

　そのための一つの方向性として考えられるのが、店舗のコミュニティーハブ化である。リアル店舗ならではの人と人との触れ合いや地域住民の憩いの場、コミュニケーションの場として店舗を提供することが有効であろう。前述の米国における書店においても、2010年以降はライブ、講演会、子供向けイベントに書店を開放することにより地域の憩いの場という位置付けを獲得し、2015年まで年々店舗数は増加してきている。日本でも同様の動きはあり、CCC（カルチュア・コンビニエンス・クラブ）によるT-SITE/蔦屋書店の展開は、本を売るビジネスから、本以外のサービスを融合し、憩いの空間と時間を提供するビジネスへの拡大の事例と言える。カーディーラーやサービスショップも、「クルマを購入する場所」や「クルマのメンテナンスをする場所」という立ち位置から、「移動の楽しさを体験できる場所」、「安全・安心を楽しく学べる場所」とい

うように、コミュニティーハブへと進化することで、eコマースとの差別化を図っていくことが必要となる。

　特に「移動の楽しさを体験できる場所」というのは広がりがあるコンセプトだ。例えば、既に3Dプリンターでクルマを作った実績があるように、大規模投資をした大規模工場で特定のクルマしか生産できないという現状から、小規模スペースで多様なクルマを生産できる世界も夢物語ではなくなってきた。ショールームとマイクロファクトリーを融合させた店舗を作り、「移動手段を創る楽しさを体験できる場所」を提供するというのも一案である。

　その店舗では、クルマだけでなくバイクや自転車なども作ることができ、多様なバリエーションから一つ一つ選択をしていき、ディスプレー上に完成した姿を見ることもできる。

　さらには、他人の作品をディスプレーで閲覧しながら自分のクルマを検討することができ、AR（拡張現実）ゴーグルを用いたバーチャルカーゲームの中に他の人のクルマと自分のクルマを取り込み、レースをして楽しむこともできる。このような店舗があったら消費者はワクワクするのではないだろうか。

　なお、店舗づくりに関しては、エンターテイメント性と利便性を高めるリアルとデジタルの融合を一層進めることが必須であることは忘れてはならない。大型ディスプレーで様々なオプションやカラーを選択して確認できるようにする、ビデオカンファレンス技術を利用してコンシェルジュと繋ぎ、商品説明やカーライフアドバイスが遠隔で受けられる様にする、あるいは

ネットワークで繋がった大型ディスプレーを設置して他店舗で開催されるイベントにリモートで参加できる、ARゴーグルを活用してバーチャルカーゲームを楽しむ、など既に実用化が進んでいるデジタル技術を活用するだけでも、様々な取り組みが考えられる。

　また、合わせて考えなければならないのが多様な収益源の確保だ。仮にカーディーラーが「移動手段を創る楽しさを体験できる場所」に進化した場合、収益源は最終製品としてのクルマ販売収益ではなく、材料費・部品費の他に、図面利用料、3Dプリンターなどの設備利用料、モノづくりのアドバイス料、モノづくりイベントを実施した場合は参加料などを包含したサービスフィーを課金するモデルになるだろう。提供サービスの価値を認識し、きちんと課金していくことが求められる。愚直に稼ぐだけではなく、利巧に稼いでいくことが生き残りに向けて必要になるだろう。

「3分に1店」〜高密度アフターサービス網の価値を支える「リーン・メンテナンス・プロバイダー」〜

　ユーザーに来店してもらえる場を目指す方向性が「コミュニティーハブ化」という考え方であるが、一方で、ユーザーが時間を過ごす場になることにこだわらず、カーシェアリング会社などをはじめとする法人客に対してメンテナンスを高効率に提供するという方向性も考えられる。高密度な面展開とリーンオペレーションの両立を徹底追及した、「リーン・メンテナンス・

プロバイダー」という考え方だ。

　現在日本には、9万店程度の整備工場が存在する。店舗数5万5千店程度のコンビニが「5分に1店」と言われることに則れば、クルマをメンテナンスできる場所は「3分に1店」も存在していることになる。コンビニにも勝る高密度なアフターサービス網が、万が一の故障の際にも迅速に対応できる環境を生み出し、現在の便利なクルマ社会を支えているわけである。完全自動運転車を使ったカーシェアリング社会となり、クルマが勝手にメンテナンス場所に運ばれるようになったとしても、近くですぐにメンテナンスが完結できる状況は普遍的なニーズであろう。しかし、整備工場は、2016年現在既に後継者問題を抱えており、今後一層の労働人口の減少および高齢化と、市場縮小によって廃業が進むだろう。シナリオによっては、高密度のアフターサービス網が崩れていく可能性が高い。このギャップを埋める存在として、オペレーションを徹底的にリーンにすることで、高密度な面展開を可能とする「リーン・メンテナンス・プロバイダー」という業態にニーズがあると考えている。

　知能化に伴うリモートメンテナンスアラートの普及、自動運転によるメンテナンス場所への配車自動化の進展を受け、定期点検に来るクルマや故障して修理が必要なクルマの対応をいつどこで作業するのかを高い確度で計画し、メンテナンスピットの稼働を最大限高める。また、メンテナンス作業については人手によるものを最小限にし、各拠点に配置される人員数もミニ

マムにしていく。加えて、BtoBビジネスであることを前提として、BtoCに必要な高額な広告宣伝費をかけないようにする。

　しかし、整備工場からしてみれば、現在既にこれ以上人員を削れないほどリーンにオペレーションをしているし、最初から広告宣伝費をかけている余裕はない。また、ピットを埋めるための情報を自らが保有することは難しい、というのが実感だろう。実際、リモートメンテナンスによる点検結果の情報を押さえているのはカーメーカーおよびカーディーラーである。彼らのクルマの提供から整備・消耗品交換までを一括で提供するサービスプロバイダーという位置づけが一層強化されるのは趨勢であろう。

　もちろん、一つのカーディーラーで全ての整備・修理を手掛けようとすると設備投資が掛かり、非効率的となる可能性がある。しかし、各サービスショップがサービスレベルを高めることができれば、カーディーラーから受託を受け、メンテナンスの一部を担うことが可能となる。この例として、タイヤショップによるタイヤアライメントが挙げられる。この場合、カーディーラーでは機材を保有していないケースも多い。

　このようにして、カーディーラーが顧客からのメンテナンス要望をワンストップで応えることで顧客満足度を高める一方、各サービスショップはBtoCでの店舗保有という業態にこだわらず、カーディーラー向けのBtoB業態として自社の強みに特化して専業化を進める。そのようなWin-Winの関係を構築することが一つのシナリオとして考えられる。

「1人ひとり」「一つひとつ」〜デジタル化と生活者個人管理・クルマ個品管理の必要性〜

　ここまで、市場縮小時代における生き残り策として、カーディーラー、サービスショップが取りうる二つの方向性について論じてきた。各々方向性は異なるものの、前提条件として対応しておくべき共通項が二つある。一つ目は、eコマースの進展やインターネットサービスの充実化を見据えたオペレーションに変えていくということである。例えば将来、ピットの空き状況に応じてサービス依頼が割り当てられる業態では、インターネット上でピットの空き状況が共有されていないと、その店舗は存在していないものとみなされてしまう。このようなオペレーションは既に技術的には可能である。今日でも顧客にとっては便益があるので、早々に取り組み始めるべきではないだろうか。

　二つ目は、一人ひとりのクルマに関わる趣味・嗜好、一つひとつの車両についての特性・メンテナンス情報を確実にデータで管理をするということだ。BtoCでは、ユーザー一人ひとりの趣味・嗜好に合わせた提案が求められ、BtoBでは、各車両の特性・メンテナンス履歴に合わせたタイムリーで適切な処置が求められる。そのためには、ユーザー情報を個人単位で収集・分析していく必要がある。販売・メンテナンスビジネスにおいてこれを実現するためには、車両を部品レベルで個品管理・分析していくことも必要だ。CRMやOne to Oneという言葉が生まれて久しいが、このような取り組みは競争軸の一つで

はあるものの、実態として定着している例はまだまだ少ない。2016年現時点での取り組みが、2030年時点での大きな差に繋がるとみて差し支えないだろう。

アフターチャネルの大変革に向けて

　これまでリアル店舗中心に行われてきたクルマの販売・メンテナンスは、バーチャルな世界に徐々に移行してきている。そして、さらなるデジタル化やクルマの知能化、シェアリングエコノミーの進展により、将来リアル店舗での接客販売・メンテナンスのビジネス機会は大きく減少する可能性がある。

　その中で、地域に根ざしたコミュニティーハブ化と高密度でリーンなメンテナンスサービスプロバイダー化が生き残りのための鍵となる。そして、今から、リアルとデジタルを融合させた業態へと変革させることが、モビリティー社会で生き残る必須条件であろう。

　各プレーヤーは、これらの潮流を遠い将来のことと先送りせず、今備えるべきこととして捉える必要がある。

第9章 保険業界への影響

第9章　保険業界への影響
150兆円に拡大する自動車保険産業

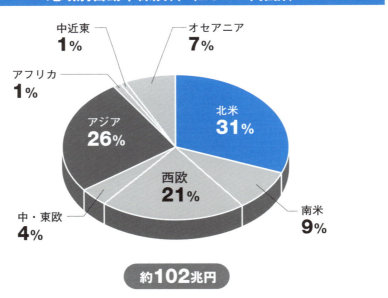

地域別自動車保険料（2014年推計）

中近東 1%
オセアニア 7%
アフリカ 1%
北米 31%
アジア 26%
西欧 21%
中・東欧 4%
南米 9%

約102兆円

自動車産業の行く末が保険業界に与える影響は大きい。新興国におけるモータリゼーションの到来が世界の自動車市場の拡大をけん引し、自動車保険市場は2030年に約150兆円まで拡大すると予想される。中国やインドを核としたアジア市場の躍進が目立ち、2030年時点ではアジアは北米を上回る世界最大の自動車保険市場となっている見込みだ。長期的に世界経済の成長ペースが鈍化する中で、アジアなどの新興国が主戦場となることは間違いない。

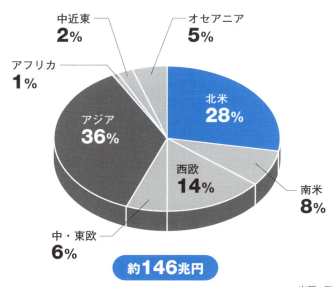

地域別自動車保険料（2030年推計）

出所：デロイト分析

テレマティクス保険が
ユーザーエクスペリエンスを変える

　20世紀の世界経済は自動車産業とともに発展してきたと言っても過言ではない。自動車産業自体が経済に与えてきたインパクトも大きいが、実に幅広い周辺産業を育んできた。そんな"育まれた"産業の一つが損害保険である。東インド会社の積荷の保険から始まった損害保険市場は、モータリゼーションの到来により飛躍的に成長した。世界の損害保険の市場規模は現在約250兆円だが、実にその約4割にあたる約100兆円が自動車保険と推計される。日本の損害保険市場においても約10兆円の保険市場の半分を自動車保険が占めており、最重要商品となっている。

　当然、自動車産業の行く末が保険業界に与える影響は大きい。今後、新興国におけるモータリゼーション到来が世界の自動車市場の拡大を牽引し、自動車保険市場は2030年に約150兆円まで拡大すると予想される。特に中国・インドを核としたアジア市場の躍進が目立ち、2030年時点ではアジアは北米を上回る世界最大の自動車保険市場となっている見込みである（**前ページの図**）。長期的に世界経済全体の成長ペースが鈍化していく中で、アジアを中心とした新興国が主戦場となることは間違いない。

　一方で、市場規模的な観点だけでは、自動車保険市場の将来は語れない。これまで挙げてきた「パワートレーンの多様化」、

「クルマの知能化・IoT化」、「シェアリングサービスの台頭」といったモビリティー革命により、保険業界はどう変わるのか。本章では、モビリティー革命後の保険業界の姿を解き明かし、関連プレーヤーへの示唆を導出していく。

自動運転の登場により縮小する従来型保険市場

　日本において個人向けの自動車保険が登場したのは1914年のことである。それから100年以上たった今でもその基本的な形はほとんど変わっていない。運転手は自分が所有する車と、自分を含めた搭乗者のケガ、さらに車を運転することによって発生する様々な責任に対して保険をかける。保険は自動車単位でかけられ、その自動車に何らかの事故が発生すれば保険会社がその損害を補てんする。

　このシンプルなビジネスモデルは100年の歳月を経てすっかり定着してきた。特に戦後50年に渡り規制の下で各社が全く同じ商品を販売してきた日本では、自由競争となった現在においても根幹のビジネスモデルは脈々と受け継がれている。しかし、今このビジネスモデルを揺るがす地殻変動が起こっている。その地殻変動の震源は「自動運転への技術進化」と、カーシェアリングに見られる「所有と利用の分離」である。

　自動車保険は、当然のことながら、事故時にこそ役に立つ。一方で自動運転に向かっていく技術の進化は事故の発生を大幅に減少させていくことが予想されるため、保険のあり方を根本

的に問うことになる。

　まず挙げられる影響が、従来型自動車保険の料率の低下、すなわち市場の縮小である。保険料率は、カバーするリスクの発生頻度と金額インパクトから算定されるのが基本だ。事故の発生頻度を著しく減少させる自動運転車の普及は、そのまま保険料率の低下を意味する。デロイトの試算によると自動運転車は人間が運転する車に比べて保険金請求頻度が3割程度になると予想される。

　さらに、保険対象の変化も自動運転車の登場による大きな影響の一つだ。これまで、自動車の運転責任は運転手が負うという理念が基本であった。しかし、自動運転の普及に向けて技術・インフラが整備される中で、事故の責任は運転手からプロバイダー、すなわち自動車・部品メーカーや、インフラ・サービス提供者にシフトしていく。運転手の責任はゼロにはならないが確実に小さくなるため、従来の個人保険市場は縮小する。代わって、自動車や部品のメーカー、および自動運転のインフラに関わる様々な事業者の製品やサービスの性能保証やサイバーリスクに対する保険市場が拡大していくであろう。

　ただし、規制・制度面でどのようなルール整備がなされるかは注視が必要だ。世界各国で自動運転の時代を見据えた議論が始まっているが、「カメラで読み取るべき白線が消えていたため事故が起こった場合は？」「地図情報が更新されておらず事故が起こった場合は？」「自動車がハッキングされて事故が起こった場合は？」など、責任の所在をどう捉えるかにより、誰

にどんな保険が必要となるかが変わってくる。

　保険産業には、これらのルール整備の行方を見据えながら、保険商品を変えていくことが求められる。既に日本の保険業界でも議論が始まっており、例えば日本損害保険協会は2016年6月に自動運転の各レベルに応じた損害賠償責任の基本的な考え方を整理して公表している（**図1**）。これによるとレベル3までは運転手の責任が一部免除されることはあるものの、基本的には運転手の責任において運転される。しかし、レベル4になると従来とは全く異なる概念を持つ必要があるとされている。

　いずれにしても、ステークホルダー間の責任の所在が複雑に分化していくことは必至であり、それぞれのステークホルダー

図1　自動運転車における法的責任に対する損保協会の論点整理

自動運転のレベル		対人・対物事故の責任における法的整理
レベル1	加速・操舵・制動のいずれかの操作をシステムが行う。	現行法が適用（対人事故の場合は自賠法、対物事故の場合は民法が適用）。
レベル2	加速・操舵・制動のうち複数の操作を一度にシステムが行う（自動運転中であっても、運転責任は運転手にある）。	現行法が適用（対人事故の場合は自賠法、対物事故の場合は民法が適用）。
レベル3	加速・操舵・制動をすべてシステムが行い、システムが要請したときのみ運転手が対応する（自動運転中の運転責任はシステムにあるが、運転手はいつでも運転に介入することができ、運転手が介入したときは手動運転に切り替わる）。	システム責任による自動運転中は、道路交通法上も運転手の運転責任が一定免除されることも想定されるが、運転手がいつでも運転に介入できることから「運行支配」はあるといえるので、自賠法の適用は可能。対物については現行法が適用。
レベル4	加速・操舵・制動をすべてシステムが行い、運転手が全く関与しない（無人運転を含む）。	運転手は全く運転に関与せず、すべてシステムによって運転されるため従来の自動車とは別のものとして捉えるべき。現行法は妥当せず、関連する法令等を抜本的に見直した上で議論する必要あり。

出所：日本損害保険協会公表資料よりデロイト作成

の責任に合致した保険が必要とされていくであろう。

「所有と利用の分離」がもたらす機能分化

　「シェアリングエコノミー」の進展による「所有」と「利用」の分離も、自動車保険のあり方を変えていく。まず、シェアリングの普及による保有台数の減少は、そのまま保険市場の縮小に繋がる可能性があるが、それ以上にこれまでのクルマを単位とした自動車保険を変えていく。従来のクルマを所有していることを前提に1年単位で更新するといった保険契約も残っていくであろうが、各ユーザーのライフスタイルに応じてクルマから切り離したユーザー単位の保険が求められるようになるだろう。既に国内では「使うときだけ加入する一日単位の自動車保険」や、「利用する車両を問わない保険」など、シェアリングを前提とした商品も登場している。

　米国でみられるUberやLyftといった事業に参加する運転手にも新たな保険が必要である。彼らは同じクルマを運転しながらも、業務を遂行するための責任を有する時間と自分のための運転をする責任を有する時間が複雑に入り乱れる。このような運転手に対して海外では専用の保険も登場している。その代表例が米国のベンチャー企業Metromile社が提供しているUber向けの保険である（**図2**）。このベンチャーはテレマティクス技術を活用し「マイル単位で保険料が決まる」商品を開発し話題になっているが、その技術をUber向けの保険にも応用し、

図2　Metromile社のPay-per-mile Insurance

──── 運転距離と保険料節約金額 ────　　──トリップ最適化──　──駐車位置の確認──　── 車両診断 ──

・OBD端子に接続したドングルで記録した走行距離によって、保険料が変更される（基本料金$30、1マイルごとに3.2¢のレートで毎月課金）
・同じ課金モデルで米国のUber運転手向けの自動車保険を提供（基本料金$40、1マイルごとに5¢のレートで毎月課金）

出所：Metromileホームページ

プライベートユースとビジネスユースの運転を切り離すことを実現している。

　このような自動運転に向かっていく技術の進化と、所有と利用が分離していく社会的変化が進んでいった先にはどのような世界が待ち受けているだろうか。デロイトでは四つの未来が併存する世界が訪れるとみている（図3）。

　一つ目の未来は、従来どおり人間が運転し、個々人がクルマを所有する世界における自動車保険である。この場合は現在とそれほど変わりはなく、運転手が自らの運転手としての責任や、自ら所有するクルマに対して保険をかける。

　二つ目の未来は、従来どおり人間が運転するものの、クルマは共有される世界である。この場合、自動車保険も所有者向け

と利用者向けで分離していくことになる。クルマの所有者は利用者の責任によらない盗難や天災などに対して保険をかければよく、利用者は運転期間における自分の責任のみに保険をかければよい。

　三つ目の未来は、ユーザーが自動運転するクルマを所有し、また利用する世界である。この場合、ユーザーは従来どおり自分の所有・利用するクルマに保険をかける。しかし、自動運転の世界では運転中の事故は必ずしもユーザーの責任とは限ら

図3　自動車保険の四つの未来像

4つの未来		ステークホルダーモデル	ステークホルダー	主要な補償範囲
人が運転	❶ 人が運転する車の個人所有	従来の自動車保険	車両の所有者（個人）	自身と車両の損害や賠償責任 自動車総合保険
	❷ 人が運転する車の共有	旅客自動車運送事業者（タクシー会社やハイヤー会社）	車両の所有者（法人）	自身と車両の損害や賠償責任 自動車総合保険
		車の所有者/運営業者（例：Uber）	車両の所有者（個人）	自身と車両の損害や賠償責任 自動車総合保険
		車のレンタル	車両の所有者（法人）	自動車総合保険、賠償責任（例：車両の安全性）
			車両の運転者（個人）	自身の損害や賠償責任
自動運転	❸ 自動運転車両の個人所有	個人向けの自動運転車両保険	車両の所有者（個人）	自動車総合保険、賠償責任（例：車両の安全性）
			オーディオビジュアルシステム製造業者/OSプロバイダー（法人）	オーディオビジュアル製品生産物責任保険
	❹ 自動運転車両の共有	法人向けの自動運転車両保険	車両の所有者（法人）	自動車総合保険、賠償責任（例：車両の安全性）
			オーディオビジュアルシステム製造業者/OSプロバイダー（法人）	オーディオビジュアル製品生産物賠償責任保険

ず、技術が進化すればするほど製造者、あるいは運行に係るIT、通信などの事業者の責任に帰する割合が増えてくる。これらの事業者の責任については、事業者が保険を手配する必要がある。

　四つ目の未来は、自動運転車が共有される未来である。この世界では個々のユーザーはほとんどの保険をかける責任から解放される。自動車の製造者、所有・運行管理者など、モビリティーシステムを運営する事業者がそれぞれ自分の責任に見合った保険を手配する世界となるであろう。

　これらの未来像のどれが起こるかという議論はナンセンスだ。なぜならこれらの未来は共存する可能性が高い。従来の保険は縮小しながらも残っていくであろうし、新しい保険は確実に生まれてくる。複線化していく未来像において、保険会社は機能分化していくあらゆるステークホルダーに対して必要とされる保険を用意していくのか、あるいはどこかに経営資源を集中していくのか、はたまたレッドオーシャンと見なされるこの自動車保険市場を諦め別の市場を探すことに舵を切るか、自社のポジションを見定め行動を起こさなければならない時期に来ている。

テレマティクス保険の躍進

　このように従来の市場が縮小し、複線化する未来像では、今後厳しい局面を迎えることが予想される。しかし一方で、保険

会社が戦略を正しく描き実行すれば保険会社が自動車産業を牛耳る世界が来るかも知れない。そのキーとなるのがテクノロジーである。

その中でも重要なポイントとなるのが今話題となっているテレマティクスにどう向き合うかという点である。

このテレマティクスの自動車保険への活用は、保険会社に限らず様々な業態の企業が事業機会を狙っている。テレマティクス保険の代表的な例は捕捉した走行距離に応じて保険料が決まるPAYD（Pay As You Drive）といった商品や、急発進や急ブレーキなどの運転性向をスコアリングして保険料を決めるPHYD（Pay How You Drive）といったタイプの商品であり、総称しUBI（Usage-Based Insurance）といった呼び方もされている。

もともとこのようなタイプの保険は英国や米国で、走行距離や運転性向などの新しい保険料の評価軸を用いた商品を開発することで、従来の保険会社のセグメンテーションでは「自分達は損をしている」と感じていたユーザーに受け入れられ、普及が始まった。特に英国では事故多発により保険料が高騰していた若年層の間で自分は安全運転している、あるいは自分はあまり運転しないのに保険料が高すぎると感じていた層に訴求し、普及が始まっている。

テレマティクス保険の創世期を支えたもう一つの要素として、盗難や保険金詐欺などの問題により自動車保険料が高騰していたという社会的問題がある。特にこの二つが深刻だったイ

タリアでは、政府が保険会社のテレマティクスの活用を積極的に推進したことが、最も早期にテレマティクス保険が普及し始めた市場の一つとなっている（図4）。

テレマティクスは保険会社にとってこれまでにないコストを強いることになる。このため一部の特別な市場のみであり、これがスタンダードになることはないという懐疑的な見方も多かった。しかしこのような見方はもはや薄れつつある。通信コストの低下と通信のためのデバイスの多様化により、コストはどんどん低下して、実現できるサービスも格段に広がりを見せており、保険料の割引だけでなく、様々なサービスを提供している。例えばほとんどの州で16歳から免許がとれる米国では、このような若い運転手の様子を親に知らせるためのテレマティ

図4　国別テレマティクスを活用した保険プログラム数

Finland	0
France	9
Germany	10
Ireland	5
Italy	42
Norway	1
Poland	0
Portugal	1
Russia	6
Spain	8
Sweden	0
Turkey	1
UK	55

国	数
China	Trial
India	0
Japan	1
Malaysia	0
Singapore	0
South Korea	Trial
Thailand	1

国	数
Canada	18
Mexico	0
USA	38

国	数
Australia	4
South Africa	7

国	数
Brazil	2
Chile	0
Colombia	1

出典：PTOLEMUS　Usage-based Insurance Global Study 2016 よりデロイト作成

クスサービスが好評を得ている。またこのような若い世代に積極的に運転のアドバイスをして、運転技術の向上をサポートしている例もある。

　安全運転のインセンティブ付与も従来は保険料の割引が中心であったが、友人とのスコアの競争や、クーポンの付与など多様化しており、中には交通規則に違反するようなことがあれば保険が無効となるといった負のインセンティブにより安全運転を促す例も出てきている。最近のトレンドとして見られるのは事故が起こったときのサービスとしてのテレマティクスの活用である。ヨーロッパで義務化が進められているe-Callと呼ばれるシステムのように、自動車が受けた衝撃から事故を検知し、保険会社が能動的に事故の有無、安否を確認するシステムは日本をはじめ様々な国でサービスの導入が進められている。さらに先端的な技術では事故を衝撃で検知した瞬間に、検知から事故報告まで全て自動的に行うような技術も開発されている。

　このようにユーザーにとっての価値創造とともに、自社としても価値創造を実現するオプションは大きく広がっている。価値創造の多様化は、デバイスの多様化、特にスマートフォンの普及と機能進化の影響が大きく、今後テレマティクス保険の普及の大きなドライバーとなると期待されている。近年ではスマートフォンと他のデバイスを連携させることで、これまでにないユーザーエクスペリエンスを実現する保険プログラムも現れている。一度ユーザーに評価されればもはや逆戻りはできない。テレマティクスを活用した保険の浸透は、スピードこそ論

図5 主なテレマティクスを活用した保険プログラム

会社名	プログラム名	主な特徴
StateFarm（米国）	Drive Safe&Save	自分の子供がスピード違反を行ったり、許可していないエリアで運転をしている場合に親に連絡するサービスの有料オプションあり。
The Co-Operative Insurance（英国）	Young Driver	17歳〜25歳をターゲットとした若年層向けPHYDプログラム。アクセル、ブレーキ、ハンドルの使い方について分析しアドバイスをフィードバックする。
Discovery（南アフリカ）	Vitality Drive	安全運転をするとDQ-Pointと呼ばれるポイントがたまりガソリンの割引やカー用品の割引購入が可能となる。
Carrot（英国）	New Driver（運転歴2年以下向け） Better Driver（運転歴2年以上向け）	安全運転を行うチャージ済のプリペイドカードが送られてくる一方で、交通規則違反などを繰り返し行うと強制的に保険契約を解約。
Zurich（イタリア）	Blue Drive	車の衝撃を感知し自動的に通報し、救急車やロードサービスが駆け付けるシステムを搭載。その他にも盗難車のエンジンを遠隔でストップさせるシステムも搭載。

出所：各社公表資料よりデロイト作成

議の余地はあれ、もはや不可逆的な流れといえるであろう（図5）。

押し寄せるFintechの波

　今後、技術の進化はテレマティクス保険をさらに発展させるであろう。昨今、通信機能を備えた取り付け型のデバイスが登場しており、オートクルーズ、ヘッド・アップ・ディスプレーなどが後付けで自動車に装着できるようになってきている。クルマのユーザーエクスペリエンスは、これらのデバイスにより大きく変革する。もし保険会社がこれらのデバイスを活用した保険プログラムを開発すれば、これまでとは次元の異なるユー

ザーエクスペリエンスを実現することになるだろう。

　加えて、テレマティクス保険を通じて、パーソナルデータと自動車利用データを得ることも可能となる。モビリティー革命後の世界では、ユーザー個々人のニーズや嗜好に合わせ「パーソナライズ」された体験の提供が、差別化要素となる。そのようなサービスを提供するために必要となるのが、パーソナルデータと自動車利用データだ。

　当然、現在これらのデータを最も獲得しやすい位置にいるのは、自動車メーカーである。しかし、「知能化・IoT化」に伴う修理・メンテナンス機会の減少や、「シェアリングサービスの台頭」に伴う自動車非保有ユーザーの拡大により、自動車メーカーのユーザーとの接点は確実に失われていく。一方で、保険会社は、テレマティクスサービスを通じて、これらの情報・データを独自に獲得できる可能性がある。

　今後、元来の金融商品としての役割が低下していく中で、このような付加価値サービスこそが差別化の源泉となっていく。これらの機会とデータを上手く活用することは、保険会社に元来の「金融商品」プロバイダーから、ユーザーエクスペリエンスを牛耳る「複合サービス」プロバイダーに変革するチャンスとなる。

　近年Fintechとよばれる金融と技術の融合がもてはやされているが、テレマティクス保険でもこのような技術が活用される可能性がある。特に金融インフラやクレジットシステムが未整備の新興国へのビジネス展開を考えた場合、このような技術は

有効だ。例えばフィリピンでは自動車ローンとテレマティクス技術を活用し、ローンの返済が滞った場合は車を走れなくしてしまうという、新しい与信管理の仕組みを実現するための実証実験が行われている。こうした仕組みは自動車保険にも適用できる。日本の自賠責保険のような最低限の保険を手配していない自動車や、保険料を払っていない自動車については走れなくすることも可能である。またSNSの情報によって与信審査を行うFintech企業も現れている。これらの企業を自らのテレマティクスビジネスのエコシステムに組み込むことによって、新興国における自動車保険制度を健全に発展させていくこともできるであろう。

コネクテッドカーにより懸念されるサイバーリスクも保険の範疇に入る可能性がある。インターネットで繋がる車がハッキングされ制御不能になるリスクは現実味を帯びている。海外の大手保険会社では自動車のサイバーセキュリティーに特化したスタートアップ企業に出資するなどの手を打っているところもある。

保険産業が牛耳る世界

保険は元来的に金融商品であり、自動車保険も事故が発生した時の経済的損失を補填する役割を果たしてきた。したがって、事故が起こらなければ、その価値をユーザーは体験することができない。他のサービスと比べて、保険はユーザーエクス

ペリエンスが低いと言われる所以がここにある。しかし、テレマティクスやFintechといった技術により保険会社はこれまでとは次元の異なるユーザーエクスペリエンスを提供し、クルマという空間における顧客との接点の主導権を握ることができる可能性がある。

　ただし、ユーザーエクスペリエンスを高めるということは、それだけユーザーの厳しい選別にさらされることを意味する。特に日本では「自動車保険はどこで入っても同じ」という意識がまだまだ強く、クルマを買ったついでにディーラーで勧められるままに他の手続きと一緒に保険も入る、今までつきあいのある代理店に任せてそのまま毎年自動的に更新しているというユーザーが依然として多い。しかし自動車保険は会社によってサービスが大きく変わり、ユーザーが得られる体験が全く異なるとしたら、ユーザーは当然いくつものオプションから自分にとって最もマッチした価値を提供してくれる保険会社の商品を選ぶことになるであろう。

　そうなるとユーザーと保険会社の間に入り、ユーザーに最適な保険を選ぶ仲介事業が発達する。事実、昨年度世界でInsurance Techと言われる技術領域に約3000億円近くの資金が集まっているが、その中で最も資金を集めているのはアグリゲーターと呼ばれるユーザーに最適な保険を選ぶサイトなどの運営事業である（**図6**）。このようなトレンドは商品の多様性が増していく上では必然的な流れであり、ユーザーの保険加入の仕方も大きく変わっていくだろう。

図6　Insurance Tech関連企業の資金調達（2015年）

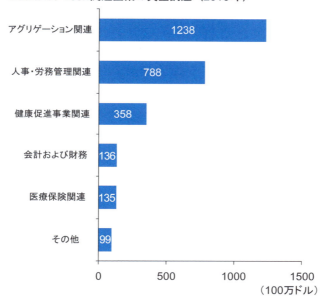

出所：CB Insightsをもとにデロイト作成

　本章で紹介した保険会社にとってのサービス提供機会は、決して保険会社だけが狙っているものではない。自動車メーカーや他のサービスプロバイダーも、虎視眈々と参入機会を狙っている。モビリティー革命後の世界において、薄れていく業界の垣根をめぐる攻防がここにある。水平・垂直双方に広がっていく生態系の中で、自社がどこを抑え、どこを他社に任せるか。今後このポジション争いがグローバル競争の主戦場となるアジアを中心に繰り広げられていくであろう。

モビリティー革命に向けて、各領域において熱い主導権争いが繰り広げられている中で、保険も厳しい競争環境に置かれる業界の一つとなる。しかし、保険会社にとっては、このようなサービス領域に積極的に取り組むことが、保険商品自体のコモディティー化を防ぐ活路にもなる。テレマティクスを活用した自動車保険などコネクテッドインシュランスと呼ばれる概念の実現を目指す業界トレンドの中で、海外の保険会社の中には通信事業まで手を拡げている例もある。見方を変えれば通信事業者にとっても保険を自らの事業領域に変えるチャンスがあるということだ。

　このような業界の垣根を越えた主導権争いはもう始まっている。先手を打って垣根を越えていくことが、他のプレーヤーに対する防衛にもなる。逆風の中で、いかにして保険会社が生き残り、さらには主導権を取っていくのか、今大きな岐路を迎えている。

第10章 自動車産業への提言

第10章　自動車産業への提言

自動車産業の転換が社会をさらに良くする

これまでの自動車ビジネスの対象は、「オーナー兼ドライバー」が中心だった。価値を提供する対象がシンプルで、その視点がぶれる余地はなかった。しかしこれからの自動車ビジネスには、「顧客」「提供価値」「収益モデル」「パートナー」の側面で、パラダイムシフトが求められる。具体的には、生活者や社会を顧客として、提供価値は「移動する手段」にとどまらなくなる。協業によって、利巧に稼ぐ収益モデルを構築する必要もある。

未来デバイスビジネス

- 生活者・社会
- 「動く何か」
- コトづくり
- 「利巧に稼ぐ」
- コラボレーション

全く異なる二つのビジネスに並行して対処する必要性

時間

世の中に、永遠に存在するものなどない。企業も例外ではなく、万物と同様に「寿命」を持っているという考えがある。「日経ビジネス」誌は約30年前、「企業の寿命30年説」を唱えた。スタンダード・アンド・プアーズ（Ｓ＆Ｐ）株価指数を構成する500社のうち、40年後も選ばれる会社は74社しかないという。さらにデロイトの分析によると、Ｓ＆Ｐ企業の平均寿命は1960年代の56年から、2014年には15年近くまで落ち込んでいるという。

　「最も強い者や、最も賢い者が生き延びるのではない。唯一生き残るのは、変化できる者である」という定説は、企業の存続において重要な意味を持つ。米IBM社は、かつて日本企業の攻勢などによりメインフレーム事業の収益性が低下した際、モノ売りからトータルサービスプロバイダーへと変革を遂げた。米DuPont社は、1990年代に石油価格の高騰などにより石油化学の収益性が低下した際、石油化学からバイオ・食料・農業へと事業ポートフォリオを組み替えた。米Wal-Mart Stores社は、従業員や環境に対する影響にかかる批判の噴出を受け、サステナビリティー戦略へと大きく舵を切った。企業が寿命を超えて生き残り続けるためには、時代の変化に応じて自分自身を変化させることができるかがカギとなる。時代の要請に応えられない企業は、いずれ淘汰を余儀なくされる。

　自動車産業に身を置く企業にとっては、現在がまさに転換期だ。押し寄せる変化への外圧は、前章までに述べてきたとおりである。

これまでに論じてきた変化への外圧

第1章：気温2℃上昇抑制の観点から、自動車メーカーはガソリン車の割合を大幅に減らし、次世代車に本格的にシフトすることが求められる。

第2章：知能化社会において、自動車メーカーは、業界内・業界間横断的に多様なデータ基盤を収集・蓄積、活用すべく、プラットフォーマーと対峙または協業することが求められる。

第3章：シェアリングサービスの台頭により、自動車メーカーは"保有"を前提とした「モノづくり」から"利用"主体の「コトづくり」への業態転換が求められる。

第4章：三つのドライバーにより、既存の自動車産業は"新モビリティー産業"へと移行し、付加価値が川下へとシフトする。

第5章：三つのドライバーは、乗用車メーカーに新たな商品戦略の策定と、次世代型ビジネスモデルへの移行を促す。

第6章：三つのドライバーは、商用車メーカーに「顧客ニーズに応える」ことから「社会ニーズを創り出す」ことへの役割転換を促す。

第7章：パワートレーンの多様化や技術の進展は、部品メーカーの生態系変化を促す。

第8章：自動運転・IoTなどの技術の進歩による消費者行動の変化が、販売店・サービスショップに新たな集客・収益モデルへの変革を促す。

第9章：知能化やシェアリングサービスの台頭は、自動車保険

の存在そのものの変革を促す。

　こうした外圧が同時並行で押し寄せる結果、自動車ビジネスはこれまでとは全く異なるものに変貌する。欧米メーカーはその変貌の必要性を既に認識し、行動に出ている。米GM社のバーラCEOは2015年10月、メディアの取材に対して「我々は自分たちを破壊していく」と発言した。GM社は自動運転車の開発はもちろん、P2Pカーシェア事業「Relay Ride（現Turo）」の展開、ライドシェア企業である米Lyft社への出資など、新モビリティーサービスへの進出に積極的だ。独Daimler社の「Car2Go」や「Moovel」、独BMW社の「Drive Now」や「AlphaCity」なども、同様の動きと見ることができる。

　自動車ビジネスの変貌に向けて、どのような対応が求められるのだろうか。それは、ビジネスを構成するあらゆる要素を抜本的に変化させること、すなわちパラダイムシフトを意味している。ここでは、我々がビジネスモデルの討議に活用する「ビジネスモデルキャンバス」のフレームワークに基づき、求められる五つのパラダイムシフトを定義する（**図1、図2**）。

図1　ビジネスモデルを客観的・網羅的に示すためのフレームワーク：共通言語
ビジネスモデルキャンバス（Business Model Canvas：BMC）[※1]

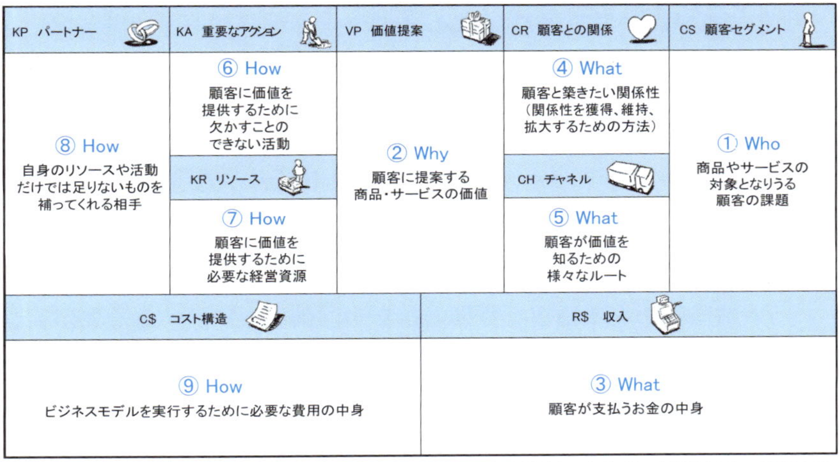

KP パートナー	KA 重要なアクション	VP 価値提案	CR 顧客との関係	CS 顧客セグメント
⑧ How 自身のリソースや活動だけでは足りないものを補ってくれる相手	⑥ How 顧客に価値を提供するために欠かすことのできない活動 KR リソース ⑦ How 顧客に価値を提供するために必要な経営資源	② Why 顧客に提案する商品・サービスの価値	④ What 顧客と築きたい関係性（関係性を獲得、維持、拡大するための方法） CH チャネル ⑤ What 顧客が価値を知るための様々なルート	① Who 商品やサービスの対象となりうる顧客の課題
C$ コスト構造			R$ 収入	
⑨ How ビジネスモデルを実行するために必要な費用の中身			③ What 顧客が支払うお金の中身	

※1　ビジネスモデルキャンバスとは、www.businessmodelgeneration.comで提供されており、誰でも（商用含めて）活用することが許可されている。ただし、著作権はwww.businessmodelgeneration.comに帰属する。そのためビジネスモデルキャンバス上に表現した検討結果を公開する場合には、その図に対してクリエイティブ・コモンズ・ライセンスの「表示ー改変禁止」を適用する必要がある。

図2　自動車ビジネスの変貌
ビジネスを構成するあらゆる要素を変化させることが求められる。

パラダイムシフト	これまで	これから	キーワード
顧客（CS）	オーナー兼ドライバー	生活者・社会	「視点」の再定義
提供価値（VP）	「クルマ」	「動く何か」	情報・エネルギー・新モビリティー
差別化要因（KA/KR）	モノ	コト	経験価値・データ
収益モデル（R$）	「愚直に稼ぐ」	「利巧に稼ぐ」	CSV・ルールメイク
パートナー（KP）	自前主義	コラボレーション	オープンイノベーション

自動車ビジネスに求められる五つのパラダイムシフト

パラダイムシフト①（「視点」の再定義）
顧客がドライバーから生活者へ、生活者から社会へ

　これまで自動車ビジネスの対象は、クルマのオーナー兼ドライバーが中心だった。クルマを所有し、利用することによって、いかなる価値を提供できるか。価値を提供する対象がシンプルで、その視点がぶれる余地はなかった。

　これからは、顧客をとらえる視点をオーナー兼ドライバー

図3　「移動」における顧客の広がり
見なくてはいけない「顧客」の対象が拡大する。

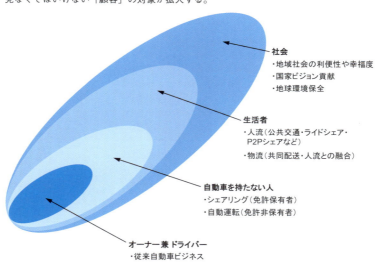

以外にも向けなくてはならなくなる。シェアリングサービスにおいては、自動車のオーナーではないドライバーが対象顧客となる。自動運転が本格化した将来では、免許証を持つドライバー以外も対象になる。さらに、Uberに象徴されるライドシェアサービスの世界では、オーナーとドライバーと移動者・同乗者、様々な役割が、様々な人々の間で目まぐるしく入れ替わる。物流においても、共同配送やライドシェアを通じた物流同士の融合、人流との融合が進む（**図3**）。

　仮に「移動」という基本的な提供価値が変わらないとしても、その対象はより複雑になる。言い換えれば対象を「生活者」ととらえ、生活にまつわる人や物の「移動」全般をいかにデザインし、どこで価値を提供するかの再考が求められるようになる。

　さらに、「移動」にまつわるシステムとしての価値提供に進むとすると、考えなくてはならない顧客は「生活者」にはとどまらない。生活者と移動システムの先には、地域社会があり、国家があり、地球がある。そのシステムは、地域社会の利便性や幸福度に対していかなる貢献をはたせるか？ 国家の考える将来の社会ビジョンに対していかに寄与するか？ 成り行きでは壊滅に向かう地球環境をいかに救うか？ 社会を構成する多層レイヤーに対してどのような便益をもたらすかが、より重要な視点となる。

パラダイムシフト②（情報・エネルギー・新モビリティー）
提供価値が「クルマ」から「動く何か」へ

　クルマという製品そのものの価値も、従来の「移動」だけにとどまらなくなる。カーシェアリングやライドシェアを通じて提供する価値は、所有・利用一体のこれまでとは異なる「移動」価値といえる。クルマがいわば「情報端末」として機能し、クラウドに収められた「頭脳」や他の情報端末との連携を遂げれば、クルマは「情報」としての価値を提供することとなる。さらに電気自動車（EV）や燃料電池車（FCV）においては、搭載する蓄電池や発電機から外部に電力を供給することで、エネルギーの効率的な利用や非常時の電源確保、電力供給の安定化に貢献する、「エネルギー」としての価値提供が期待されている（図4）。

　従来の「移動」を超えた価値提供が進む際、製品は「クルマ」である必要があるのかという問いが生じる。実際、従来の「クルマ」の枠を超えた様々なカテゴリーの製品が登場しつつある。モビリティー領域でもクルマより一回り小さい超小型モビリティーや、さらにバイクとの中間ともいうべき三輪モビリティー、より徒歩に近いパーソナルモビリティー、逆にバスとの中間ともいうべき超小型バスなど、カテゴリーの多様化が見られる。さらにモビリティーの外側でも、ロボットや歩行アシストなどのデバイスが複数登場しており、カテゴリーの多様化と垣根の曖昧化が進んでいる。

　今後は提供する価値に基づくさらに多彩なデバイスが誕生す

図4　自動車の顧客／提供価値の拡大

るだろう。クラウドロボティクスやM2Mプラットフォーム、さらには3Dプリンティングなどの技術の発展・普及が、少量多品種生産や新規参入を促す。結果、従来の自動車サプライチェーンも今後、抜本的な変化を強いられる可能性がある。

パラダイムシフト③（経験価値・データ）
差別化要因がモノからコトへ

これまでの自動車ビジネスの提供価値は、クルマという製品＝モノを通じた価値にとどまっていた。性能や品質、デザイ

ン、ブランド、コストパフォーマンスなど、製品に閉じた不変の土俵の中で、競争が繰り広げられてきた。

　これからは、製品に閉じない価値提供が求められるようになる。「モノづくり」から「コトづくり」へと、付加価値の源泉がシフトする。ディーラー店舗やインターネット、テレマティクスなど、顧客とのタッチポイント全体を通じていかなる経験を提供するか、経験価値発想が求められる。米Tesla社は、アップルストアのような雰囲気の店舗でクルマを売るというよりブランドを訴求し、インターネットで商取引を行い、大画面のテレマティクスで美しいUI（ユーザーインターフェース）と最新のソフトウェアを提供している。

　さらに、顧客経験の対象領域はクルマを離れたところに及ぶ。2016年1月のCESにおいて、米Ford社は米Amazon社との提携を発表した。Amazon社の家庭用音声認識装置「エコー」とFord社のクルマとの連携を実現する。家庭にある「エコー」に音声でクルマの操作を指示すると、出発前にエンジンを始動し、空調を整えておくことができる。一方クルマからもスマートフォンを使って、玄関の外灯やガレージのシャッターの遠隔操作が可能となる。クルマを超えた生活領域も含めた経験価値の提供をデザインする時代となる。

　こうした経験価値の戦いにおいては、「データ」の活用がカギとなる。Tesla社の例でもFord社の例でも、自社の顧客データを統合的に管理しインタラクションを実現すること、さらに他社が持つパーソナルデータを自社データと紐づけ、シームレ

スな経験価値提供へとつなげていくことがポイントだ。

パラダイムシフト④（CSV、ルールメイク）
収益モデルが「愚直に稼ぐ」から「利巧に稼ぐ」へ

　日本の自動車産業では、「愚直に稼ぐ」ことを美徳とする風潮が一般的だ。顧客に選んでもらうためのたゆまぬ努力こそがメーカーの存在意義である。商品が高くて選ばれないのであれば、安くするまで努力をすることこそ、メーカーとしての意地だ。国から補助金をもらうことは「恥」であり、製品投入当初は止むなしだが、その期間は一刻も早く終わらせなくてはならないと考える。

　ところが、前述のように顧客を再定義するということは、そうしたメーカーとしての矜持をも改めなくてはならないことを意味する。自社の製品やサービスが誰かに価値を提供するのであれば、その誰かから価値への正当な対価として報酬を受け取る必要がある。自動車ビジネスはこれまでのオーナーとの相対取引ではなく、複数の顧客を対象とした取引となる。

　昨今、「CSV」という概念が盛んにうたわれている。その意味は、"金儲け"よりも大きな経営目標を掲げて組織を変革し、経済価値と社会価値を同時追求する経営モデルへと転換を遂げるべきというものだ。社会に便益をもたらすことを「善行」であるだけではなく「ビジネスチャンス」であるとも捉え、企業としての利益に転換すべきという考えを含んでいる（図5）。

　もし社会の制度が追いついておらず、社会に便益をもたらす

にも関わらずその対価が獲得できない状況に陥っているとしたら、制度そのものを変えるルールメイクを政府に対して仕掛けていく必要がある。政府の渉外機能は省庁の「御用聞き窓口」にとどまるのではなく、自社に有利な制度を引き出す戦略的機能でなくてはならない。

　こうした考え方や動き方は「悪」ではない。地球環境にやさしい次世代車のコストアップを自動車メーカーが一身に背負い、血のにじむ努力をする姿は美しく映るかもしれない。だが、それにより自社の利益を過度に削ることは、株主の利益を踏みにじることになる。まして、やがて次世代車からの撤退や

図5　CSRからCSVへ
経営モデル自体にイノベーションが起こっている。

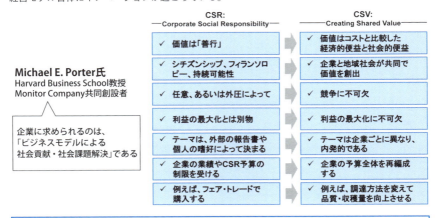

出所：Michael E. Porter, Creating Shared Value, Harvard Business Review を基にデロイト分析

倒産などにより、次世代車の普及そのものを鈍化させることにつながるとしたら、それこそ地球にとって悪である。

　共通善に向かって社会全体で努力をすること、企業は持続可能な活動としてその実現に貢献すること、必要なコストは社会全体で負担してもらうための仕組みをつくること。「利巧に稼ぐ」ことが求められる。

パラダイムシフト⑤（オープンイノベーション）
自前主義からコラボレーションへ

　自前主義からの脱却の必要性は、他産業のアナロジーによって、自動車産業においても広く認識されている。かつて栄華を極めた日本のテレビ製造業は、2010年代に入り凋落した。その原因は、モジュール間のインターフェース標準化とすり合わせ箇所の減少を背景に、韓国や台湾などの企業の急速なキャッチアップやファブレス企業の台頭が実現したこととされる。自動車産業においても、モジュールアーキテクチャーの進展やメガサプライヤーの台頭、Tesla社やApple社などによる新規参入など、水平分業に向けた潮流はそこかしこにうかがえる。

　さらに、これまでに述べた対応を実現するということは、自動車メーカーが対象とする領域が劇的に拡大することを意味している。技術開発の領域だけを見ても、ハイブリッドや電気、水素などパワートレーンの多様化の時点で、すべてを自前でそろえることが難しく、自動車メーカー各社は合従連衡を行ってきた。ここに自動運転や顧客データ管理・活用、新タイプモビ

リティー開発まで加わるとなると、すべてを自前で開発できる余力を持った企業が存在するとは考えにくい。そもそも、現状の人材ケイパビリティーからして、自前で競争力を保つことは難しい領域が多いと言えるだろう。

　イノベーションや新価値を創造するという観点においても、自社単独での限界がある。機能分化した専門部隊に身を置く内部人材だけでは、産業そのものを変革するようなアイデアは発想しにくい。我々も、新価値創造のための異業種やベンチャー企業とのアイデアソンを実施してきたが、内部以外の人材との議論を通じて知的シナジーが実現されることを、参加者全体が認識することが多い。共通善に向かってこれまでにないアイデアを出し合い実現することは、CSVの理念にも沿う。

　積極的に外部との連携を模索する「外向き」の組織へと変化すること、すなわち、自前主義からオープンイノベーションへの変化は不可欠である。そこで大切なのは、自社のビジョン、強み、期待できる収益などの観点で、自社のポジションは何かを問い続けることである。外部の意図があるか否かに関わらず、結果として不利なポジションに貶められるリスクは常に存在する。

求められるのは、緩やかな変化への構え

　それでは、自動車産業に身を置く企業は、こうしたパラダイムシフトをいかにして実現すべきだろうか。最も大切なのは

「新旧の共存」、緩やかな変化に対応するということだ。新しいパラダイムを組織に取り入れつつ、従来のパラダイムを守り続けることが求められる（**図6**）。

これまで述べてきたように、変化の先にあるビジネスはこれまでとは全く逆といっていいほど異なるものだ。従来の顧客の「枠」にとらわれないビジネス発想（①）。新しい製品価値（②）や、コトづくり・データドリブンでの経験価値（③）など、新価値を創造するアイデア力。政府渉外を含め、提供する価値に対する対価を最大限に享受するマネタイズ力（④）。他社との積極的なシナジー実現をはかるコラボレーション力（⑤）。そして、

図6　自動車ビジネスのパラダイムシフト
変化は急速に訪れるわけではない。

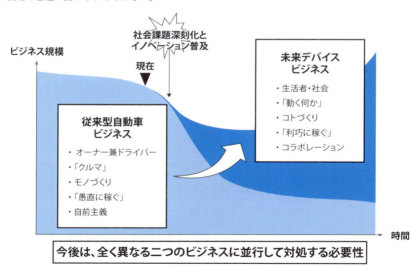

それら全体をリーンに立ち上げ、実験的検証を通じて練り上げていくビジネスに対するコミットメント。自動車産業の多くの企業に一般的な機能分化した専門部隊では実現し得ない新しいチャレンジができる組織を、企業内に備えることが求められる。

一方で、変化はすぐに訪れるものではない。数十年という時間をかけてゆっくりと、しかし着実に進んでいく。当面は主力であり続ける従来の本業において、市場の地理的な拡大や段階的な温暖化対策、段階的なコネクテッド化や自動運転技術の投入など、足元の課題に対応しながらビジネスを盤石に進めていくことの方が優先度の高い経営課題だろう。

大切なのは、これら新しいビジネスと従来のビジネスに対する取り組みが、長い時間をかけて共存し、徐々にその割合をシフトできるような組織であるということだ。自動車産業に身を置く企業の多くは、重厚長大な大企業となっている。かつてクリストン・クリステンセン氏は「イノベーションのジレンマ」という著書の中で、大企業における新しいビジネスの実現がいかに難しいかを論じた（図7）。

最初はごく小さく、多くの失敗もある新ビジネスへの取り組みが、息切れすることなく続いていく構えが求められる。そのためには、ミッション設定や評価制度を含め、メンバーが新ビジネスに本気で取り組める組織制度設計、トップのコミットメント、トップが変わってもそのコミットメントが続くことなど、対症療法・虫食い型ではなく、抜本的・包括的な組織変革、すなわち組織イノベーションが不可欠となる。

イノベーションを組織に根付かせるための方策と日本企業の実態については、デロイトの「イノベーションマネジメント実態調査2016」などにおいても詳細に語られている（図8）。

自動車産業の転換により、社会はもっと良くなる

前述のCSV経営について、「世の中のためになる目標を定め、周りを巻き込んでそれを実現し、結果としてそれを収益に変えるという考え方だ」とかみ砕いて説明すると、複数の異なる自動車関連企業において、同じようにメンバーが首をかしげるのが印象的だった。「我々の会社は創業以来、その精神を持ち続けている。今と一体、何が変わるというのか」と言うのである。

図7　大企業における新ビジネスの障壁

取り組みへの上層部からの資源提供が不十分	・大手メーカーの上層部には、新規事業に優先的に力を入れたり、資源を割り当てることは期待できない 「儲かるビジネス、本業に集中しろ」
取り組みへのメンバーからのコミットメントが得られない	・優秀なマネジャーや技術者は、収入面では取るに足らないプロジェクトに関わりたいとは思わない 「社内での自分の将来を確実にするため、主流事業に参加したい」
社内の協力が得られない	・困難と不透明性を解決に向け、主だった人々から協力が得られない 「この取り組みは、組織の成長と利益のために重要でない」 「この取り組みは、会社の利益をむしばむアイデアだ」
成功が過小評価される	・（小規模な受注など）ごく小さな成功が評価されず、続ける意味がないと思われる 「たかだかこの程度の成功のため、事業を続ける価値があるのか」
失敗が過大評価される	・（最初の市場への進出は成功しない可能性が高いが）主力事業の組織は失敗やリスクに寛容ではなく、失敗に対して耐久性がない 「このまま続けてもどうせ失敗続きだろうから、撤退してしまえ」

出所：「イノベーションのジレンマ」（クリストン・クリステンセン著、翔泳社、2001年）を基にデロイトが加筆

2014年にTBS系列で、ある日系自動車メーカーの草創期を描いた「LEADERSリーダーズ」というドラマが放送された。そこで印象的なセリフがあった。「自動車でこの国を復興させる。それが我々の使命だ。我々の車が人々の足となり、物資や食料を運ぶ。我々のクルマを世界に売って日本を豊かにする。これからは自由経済の時代が来る。自動車産業で米国に負けない国を作れる機会がやっと訪れたんだ」。

　金を儲ける前に、世の中のためになりたい。自分たちにこそできることがあるはずだ。この精神は特定の企業ではなく、自動車産業に身を置くあらゆる企業に共通した精神であったのだ

図8　「イノベーションマネジメント力」を測る評価フレームワーク

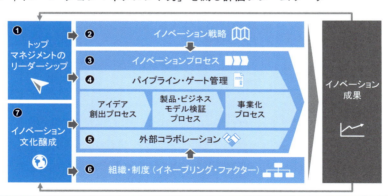

出所：経済産業省 平成27年度総合調査研究「企業・社会システムレベルでのイノベーション創出環境の評価に関する調査研究」
※当フレームワークは、イノベーションマネジメントに関する国内外先進企業のベストプラクティスや、先進各国やEU、ISOなどの国際的枠組みにおいて活用・検討されている類似フレームワークの調査/分析を基に策定されている

と思う。そして実際に、自動車産業は日本の復興と発展、そして世界の人々の生活を豊かにすることに貢献してきた。産業の世の中に対する貢献は計り知れない。

　ただし、時代は変わる。これからの世の中は、単にクルマを売るだけでは満足しなくなる。創業から変わらぬベンチャー精神を抱き続け、変わりゆく時代に適合しながらその精神を体現し続けること。自動車産業には、これまでにない変化が求められている。

　「気温の2℃上昇抑制」の議論に象徴されるように、地球と人類はいま、危機に瀕している。肥大化を続ける資本主義のツケが、戦後の焼け野原の日本のような危機的状況に地球と人類を追いやろうとしている。我々の孫の世代は、幸福な人生を送れているだろうか。

　一方、現在の自動車産業に従事する国内就業人口は、製造・販売・整備だけでも180万人、関連産業を含めれば500万人を超える。その人材、そして情熱と技術力が結集すれば、計り知れないパワーとなる。そのパワーが変わりゆく時代に適合し、世の中への貢献を続けることができれば、その先には必ず持続可能な地球、持続可能な人類、そして持続可能な産業、明るい未来が待ち受けていることだろう。

おわりに

　自動車産業における史上初の大きなイノベーションはヘンリー・フォードによりもたらされた。それから1世紀以上が経った現在、技術や経済環境が変わろうとも自動車産業における基本理念は不変であろう。「人の生活や社会を豊かなものにする。地球環境の持続的な存続とともに。」──。この実現のために、自動車産業における多様なプレーヤーにより新たなイノベーションは創造され続けている。

　デロイト トーマツ コンサルティング自動車セクターは、この先の自動車産業のイノベーションを牽引するのが日系企業であることを願うとともに、自動車産業における各企業とともにイノベーションを起こし続け、産業の成長・拡大に貢献していきたいと考えている。

　2030年、それは「遠い将来」ではなく、すぐそこにある。動くのは「今」なのだ。

　本書は、デロイトトーマツコンサルティング自動車セクターの経験・英知を集結したものである。クライアントとともに広範多岐にわたる複雑な経営課題に対峙し、昼夜業務に励んでいるメンバーの継続的な努力、日常的な知見の集積がなければ本書は完成できなかった。自動車セクター全てのメンバーに、改めて感謝を申し上げたい。

また、様々な見識と支援を提供し多大に貢献してくれた以下のメンバーに格別の謝意を表する。

コンサルタント
阿部沙枝子、岡田雅司、岡村知暁、尾崎遼太、髙延岳史、髙井暖司、西原雅勇、三室彩亜、森厚之、森岡記人、森口良平、山本良蔵、梁梓健、Jennie Ei Phyu

リサーチ＆ナレッジマネジメント
足立恵理子、稲垣あいな、早乙女強、清水梓、高田あゆみ、髙橋里也子、中澤正隆、細野裕子、宮本智美

マーケティング＆コミュニケーション
後藤邦彦、高橋祐太

（五十音順）

　最後になるが、日経BP社の林達彦氏、高田隆氏、植村朋子氏には、企画の段階から多大な協力・助言を頂いたことに、深く感謝申し上げる。

著者紹介

佐瀬 真人（パートナー/執行役員） ……… **全体監修**

　自動車/製造業を中心に、事業戦略立案、マーケティング戦略立案、技術戦略立案、組織・プロセス設計に関するコンサルティングに従事。

尾山 耕一（自動車セクター　シニアマネジャー） ……… **第1章・第10章担当**

　自動車・製造業を中心に、新規事業戦略立案、マーケティング戦略立案などに従事。自民党の「FCV（燃料電池車）を中心とした水素社会実現を促進する研究会」の民間企業事務局を担当。次世代技術領域における事業創造・産業創造に強みを持つ。

阿部 健太郎（自動車セクター　マネジャー） ……… **第2章担当**

　自動車・製造業を中心に、次世代モビリティー・新規事業領域の産業構造分析、競争戦略構想、組織設計、事業計画立案などを手掛ける。大手自動車メーカー経営企画部門に出向経験を有する。

金 秀俊（自動車セクター　マネジャー） ……… **第2章担当**

　自動車業界を中心とした商品・事業戦略立案、新規事業構想などに従事。近年、コネクテッドサービス戦略立案・実行にも注力。北米、シンガポール駐在経験を有する。

清水 雄介（自動車セクター　マネジャー）　　第3章・第4章担当

大手日系自動車メーカー（商品企画）、および米系戦略コンサルティングファームを経て現職。自動車を中心に、ブランド/マーケティング・CRM戦略や、ビッグデータ・コネクテッド・環境対応車・自動運転戦略など、幅広いテーマに従事。

村上 泰之（自動車セクター　マネジャー）　　第3章担当

7年以上に渡りASEAN地域において自動車メーカー・部品サプライヤーの支援を担当。各国市場・顧客動向の調査・分析含む事業・商品戦略の立案支援から、戦略実行の為の組織オペレーション改革とシステム構築まで幅広い案件に従事。現在Deloitte Consulting Southeast Asiaに出向中、タイ王国バンコクを拠点として活動。

柴田 信宏（自動車セクター　シニアマネジャー）　　第5章担当

自動車業界を中心とした製造業を対象に、持続的成長戦略、組織再編・M&A、オペレーション改革などのコンサルティングに多数従事。大手自動車メーカーの経営企画部門に出向経験を持つ。

早瀬 慶（自動車セクター　シニアマネジャー）・・・・・・・・・・・・・・・・ 第6章担当

　大手自動車メーカーを中心に、経営戦略立案、SCM導入、生産・販売プロセス改善、新規ビジネス構想策定、M&Aなどの案件に従事。現在は商用車業界へのサービスに特化したCV（Commercial Vehicle）チームを率い、欧米やアジアなど、日本を拠点に世界各地を飛び回る。チームで現地に足を運び、各国Deloitteと協業する、徹底した"現場主義"を貫く。

川島 佑介（自動車セクター　シニアマネジャー）・・・・・・・・・・・ 第7章・第9章担当

　10年以上に渡り、自動車産業向けの支援に従事。事業・渉外戦略立案から現地オペレーション改革まで幅広い案件を手掛ける。近年は自動車産業の周辺領域（販売金融、保険、アフターサービス・部品、中古車、テレマティクスなど）に注力。約3年間のインドネシア駐在経験を有する。

井出 潔（自動車セクター　シニアマネジャー）・・・・・・・・・・・・・・・・ 第8章担当

　日系自動車OEM戦略領域および、タイヤ/アフターマーケット領域を担当。主に自動車関連企業に対して、全社経営改革、新規事業立上、地域経営改革、マーケティング組織改革などのプロジェクトを構想策定から実行まで一貫して支援した実績多数。

後石原 大治（自動車セクター　マネジャー）……………………… 第8章担当

　日本企業のアジア統括会社・海外現地法人を中心にプロジェクトを経験。事業・販売の各領域で戦略立案から業務整備まで幅広い案件に従事。2012年より、ベトナムを拠点にしながら活動。

福島 渉（保険セクター　マネジャー）……………………………… 第9章担当

　日系大手保険グループを経て現職。主に事業戦略やM&A分野での支援を手掛けており、近年ではイノベーション戦略立案・実行支援、大企業とスタートアップ企業のコラボレーション促進などに注力している。

松本 知子（リサーチ&ナレッジマネジメント　シニアマネジャー）
……………………………………………………………………………… 企画・編集

　リサーチ&ナレッジマネジメント（RKM）職の自動車セクター担当として、自動車業界における広範なテーマの調査分析、ナレッジマネジメントおよびエミネンスビルディングをリードしている。近年は日本に加えてアジア・パシフィック地域の自動車セクターチームのハブ機能として活動している。

モビリティー革命2030
～自動車産業の破壊と創造～

2016年10月10日　第1版第1刷発行
2020年6月1日　　第8刷発行

著　者	デロイト トーマツ コンサルティング
編　集	日経Automotive
発行者	吉田 琢也
発　行	日経BP社
発　売	日経BPマーケティング
	〒105-8308 東京都港区虎ノ門4-3-12
装　幀	松川 直也（日経BPコンサルティング）
制　作	大應
印刷・製本	図書印刷

本書の無断複写・複製（コピー等）は著作権法上の例外を除き、禁じられています。購入者以外の第三者による電子データ化及び電子書籍化は、私的使用を含めて一切認められていません。
本書籍に関するお問い合わせ、ご連絡は下記にて承ります。
https://nkbp.jp/booksQA

©Deloitte Tohmatsu Consulting LLC 2016
ISBN978-4-8222-3727-1　Printed in Japan